Biorreactores y tecnología de bioprocesos

Libro de problemas resueltos

Biorreactores y tecnología de bioprocesos

Libro de problemas resueltos

Álvaro González Garcinuño
José María Sánchez Álvarez

Mc Graw Hill | AULAMAGNA
PROYECTO CLAVE

Los autores agradecen la financiación recibida de la Universidad de Salamanca (Programa propio V, de difusión de resultados) para la elaboración y publicación de este libro.

VNiVERSiDAD D SALAMANCA

Biorreactores y tecnología de bioprocesos
Libro de problemas resueltos

Primera edición: 2023

ISBN: 9788419187307
ISBN eBook: 9788419187697
Depósito Legal: SE 1585-2022

Impreso en España — Printed in Spain

Índice

Capítulo 2
Fermentadores discontinuos

Capítulo 3
Enzimáticos homogéneos

Capítulo 4
Enzimáticos heterogéneos

Capítulo 5
Biorreactores microbianos heterogéneos

Capítulo 6
Mezcla, aireación y escalado

Capítulo 7
Esterilización

Capítulo 8
Producción por lotes

Prólogo

Se define «biotecnología» como la aplicación de la ciencia y la tecnología a sistemas biológicos y organismos vivos, así como a partes, productos y modelos de los mismos, con el fin de producir o alterar materiales, y proveer conocimientos, bienes y servicios.

Son muchos los que en los últimos años han declarado al siglo XXI como «El siglo de la biotecnología» por la combinación de avances relacionados con la genómica y la proteómica, combinados con la informática, así como en el aprovechamiento de numerosos organismos vivos para satisfacer una demanda cada vez mayor de productos y servicios para el ser humano. Durante los últimos años se han desarrollado procesos de mejora genética de especies para aumentar la producción de ciertos metabolitos o proteínas que son de especial interés comercial y que, anteriormente, o no se producían, o se conseguían usando vías químicas, de mayor coste, y, en muchos casos, con un fuerte impacto ambiental.

La producción utilizando microorganismos o partes de ellos (especialmente enzimas) supone, en muchos casos, una reducción en el uso de productos químicos, así como mejores rendimientos o productos de mayor pureza.

En los próximos años, el reto que presenta la industria biotecnológica estará centrado, especialmente, en conseguir procesos productivos más rentables, con mayor escalabilidad y más versátiles para adaptarse a una demanda cambiante.

Este libro de problemas, que tengo el gusto de prologar, realiza un repaso a las principales formas de producción de diferentes sustancias biotecnológicas (fermentadores, reactores enzimáticos, reactores *air-lift*. . .), con ejemplos resueltos, usando datos reales, acercando el diseño y las condiciones de operación a los estudiantes de diversas titulaciones universitarias relacionadas con la producción biotecnológica, como son, los grados en Biotecnología y en Ingeniería Química.

La resolución de problemas numéricos, donde se ponen en práctica los conocimientos adquiridos, constituye una herramienta pedagógica fundamental para los futuros profesionales de esta industria, que deberán diseñar equipos, formular nuevos procesos o innovar sobre procesos tradicionales, para adaptar la producción a las demandas del mercado.

Ojalá este libro que ahora tienes entre las manos aumente tu interés por esta disciplina, te ayude en tu formación académica y sea una buena semilla de ilusión, para un futuro prometedor y apasionante en la industria de los bioprocesos.

Prof. Dra. Eva María Martín del Valle
Catedrática de Ingeniería Química
de la Universidad de Salamanca

Capítulo 1

Fermentadores continuos

Problema 1.1

Fermentador continuo para una cinética de Monod y modelo de la caja negra

Las bacterias metanogénicas son una serie de microorganismos capaces de utilizar como fuente de carbono y energía, mezclas de hidrógeno molecular y CO_2, generando como principal producto metabólico, metano (CH_4). Ako *et al.* (2008) estudiaron el crecimiento de este tipo de microorganismos en un fermentador continuo en estado estacionario y obtuvieron los siguientes resultados experimentales:

D (d^{-1})	S (g/L)	X (bacterias/L)
0.071	0.84	$5.67 \cdot 10^{11}$
0.083	0.98	$5.25 \cdot 10^{11}$
0.1	1.98	$4.2 \cdot 10^{11}$
0.125	3.66	$2.1 \cdot 10^{11}$

Determinar:

A. Los parámetros cinéticos suponiendo que el crecimiento sigue una cinética tipo Monod. ¿Cuáles son los coeficientes de campo para este proceso?

B. Si la alimentación está compuesta por 1.71 g/L H_2 y 9.43 g/L de CO_2. ¿Cuánto pesará esta bacteria si los autores de este trabajo dicen que el rendimiento biomasa-sustrato es $Y_{x/s}$ = 11.46 g células húmedas/mol H_2/CO_2?

C. Si $Y_{p/s}$ = 0.1 g CH_4/ g sustrato. Calcular ¿cuántos litros de metano en condiciones normales se generan diariamente por litro de fermentador a una velocidad de dilución de 0.1 d^{-1}? ¿Cuál es la máxima producción de metano en el proceso?

Apartado A

Tal y como se indica en el enunciado, se está trabajando con un fermentador continuo en estado estacionario y, por tanto, se va a suponer que la alimentación va a entrar estéril. En estas condiciones, el balance de materia a la biomasa en dicho fermentador será:

Entra — Sale = Reacciona + Acumula → Sale = Reacciona

$$v_0 \cdot x = \mu \cdot x \cdot V \rightarrow \frac{v_0}{V} = D = \mu$$

Y aplicando la ecuación de Monod a la velocidad específica de crecimiento, resulta que:

$$D = \mu = \mu_{max} \frac{S}{K_s + S}$$

Si se toman dobles inversos a esa expresión, se puede linealizar y se tiene:

$$\frac{1}{D} = \frac{K_s}{\mu_{max}} \cdot \frac{1}{S} + \frac{1}{\mu_{max}}$$

Representando 1/D vs 1/S se obtendrá una recta, de cuya ordenada en el origen se podrá calcular la velocidad máxima, y de su pendiente, posteriormente el valor de K_S. Con los datos experimentales expuestos arriba en la Tabla se lograron los siguientes resultados:

$$\mu_{max} = 0.1524\ (d^{-1})\ ; k_s = 0.912\ \left(\frac{g}{L}\right)\ ; r^2 = 0.963$$

Llegado a este punto, se va a determinar la bondad del modelo de la caja negra para definir este proceso. Para ello se va a calcular el coeficiente de rendimiento biomasa-sustrato, $Y_{x/s}$, para cada una de las condiciones, que se define como sigue:

$$Y_{x/s} = \frac{x - x_0}{s_0 - s}$$

Sabiendo que x_0 = 0 (alimentación estéril) y s_0 = 1.71 + 9.43 = 11.14 g/L (suma de las cantidades alimentadas de H_2 y CO_2) se puede calcular el valor del coeficiente de campo para cada velocidad de dilución, como se resume en la tabla siguiente.

D (d^{-1})	s (g/L)	x (bacterias/L)	$Y_{x/s}$ (bacteria / g subs)
0.071	0.84	$5.67 \cdot 10^{11}$	$5.50 \cdot 10^{10}$
0.083	0.98	$5.26 \cdot 10^{11}$	$5,18 \cdot 10^{10}$
0.1	1.98	$4.20 \cdot 10^{11}$	$4,59 \cdot 10^{10}$
0.125	3.66	$2.10 \cdot 10^{11}$	$2,81 \cdot 10^{10}$

Se puede observar que el coeficiente de rendimiento va disminuyendo al aumentar la velocidad de dilución lo cual es difícil de justificar mediante errores experimentales. Pero si se supusiera el modelo de la caja negra, se debería tomar como coeficiente de rendimiento el valor promedio de los datos obtenidos en la tabla anterior, es decir, $Y_{x/s}$ = **$4.52 \cdot 10^{10}$** bacterias/g sustrato.

Apartado B

Para determinar el peso de cada una de las bacterias, el primer paso que se debe realizar es calcular un «peso molecular» para la mezcla H_2 + CO_2 usado como sustrato. Así calculando el número de moles según las composiciones iniciales que se aportan en el enunciado

$$\frac{moles\ H_2}{L} = \frac{1.71\left(\frac{g}{L}\right)}{2\left(\frac{g}{mol}\right)} = 0.855\left(\frac{mol}{L}\right);\ \frac{moles\ CO_2}{L} = \frac{9.43\left(\frac{g}{L}\right)}{44\left(\frac{g}{mol}\right)} = 0.2143\left(\frac{mol}{L}\right)$$

Si se divide ambos valores por los moles de CO_2 se obtiene una relación de 4:1, y, por tanto, se puede establecer una «fórmula empírica» de nuestro sustrato, que sería $CO_2(H_2)_4$ = CH_8O_2 y su peso molecular sería 52 g/mol. Con esto, puedo expresar el coeficiente de rendimiento en gramos de bacterias por gramo de sustrato, de tal forma:

$$Y_{x/s} = 11.46\left(\frac{g\ bact}{mol\ s}\right)\frac{1}{52\left(\frac{g\ s}{mol}\right)} = 0.2204\left(\frac{g\ bact}{g\ s}\right)$$

Conociendo el coeficiente de campo, calculado en el apartado anterior ($Y_{x/s}$ = **$4.52 \cdot 10^{10}$** bacterias/g sustrato), se puede deducir el peso de cada una de las bacterias:

$$0.2204\ \frac{g\ bact}{g\ S} \cdot \frac{1\ g\ S}{4.52 \cdot 10^{10} bact} = 4.88 \cdot 10^{-12} g/bact$$

El peso de cada bacteria sería **$4.88 \cdot 10^{-12}$ g/bacteria**, tomado en base húmeda.

Apartado C

Finalmente se va a aplicar los anteriores datos para el diseño de un fermentador continuo en estado estacionario con alimentación estéril. Como se ha realizado en el apartado A, el balance de materia se puede expresar como:

$$D = \mu = \mu_{max} \frac{S}{K_s + S}$$

y sustituyendo los valores conocidos, nos queda que la concentración de sustrato a la salida del fermentador que es:

$$0.1\ (d^{-1}) = 0.1524\ (d^{-1}) \frac{S}{S + 0.912\ \left(\frac{g}{L}\right)}\ ; S = 1.73\ g/L$$

Como se conoce el coeficiente de rendimiento de sustrato en producto, se puede calcular la concentración de metano a la salida (no hay metano en la entrada), que, multiplicada por la velocidad de dilución, proporciona el valor de la productividad:

$$Y_{p/s} = \frac{P - P_0}{S_0 - S} \rightarrow P = (S_0 - S) \cdot Y_{p/s} = (11.14 - 1.73) \left(\frac{g}{L}\right) \cdot 0.1 \left(\frac{g}{g}\right) = 0.94 \left(\frac{g\ P}{L}\right)$$

$$Prod_{metano} = D \cdot P = 0.1(d^{-1}) \cdot 0.94 \left(\frac{gP}{L}\right) = 0.094 \frac{g\ CH_4}{L \cdot d}$$

Se pide el valor en litros de metano, que se pueden convertir al considerarlo un gas ideal, resultando un valor de **0.132 L_{metano}/L·día.**

Finalmente se pregunta por la máxima producción de metano, la cual se obtiene cuando se está trabajando a la velocidad de dilución óptima que se puede calcular:

$$D_{opt} = \mu_{max} \left[1 - \frac{1}{\sqrt{1 + \frac{S_0}{k_s}}} \right] = 0.1524(d^{-1}) \left[1 - \frac{1}{\sqrt{1 + \frac{11.14\ \left(\frac{g}{L}\right)}{0.912\ \left(\frac{g}{L}\right)}}} \right] = 0.1105\ (d^{-1})$$

Esta nueva velocidad de dilución cambiará la concentración residual de sustrato en el medio de cultivo, y, por tanto, cambiará la productividad. Se opera de forma análoga a como se hizo previamente: primero se determina la concentración de sustrato, y después se calcula la productividad usando D y el coeficiente de rendimiento.

$$0.1105\,(d^{-1}) = 0.1524\,(d^{-1})\,\frac{S}{S + 0.912}\,; S = 2.38\,\left(\frac{g}{L}\right)$$

$$\begin{aligned} Prod_{metano} &= Y_{p/s} \cdot D \cdot (s_0 - s) \\ &= 0.1\left(\frac{g\,CH_4}{g\,s}\right) \cdot 0.1105\,(d^{-1}) \cdot (11.14 - 2.383)\left(\frac{g\,S}{L}\right) \\ &= 0.09676\left(\frac{g\,CH_4}{L \cdot d}\right) = 0.1355\,\left(\frac{L\,CH_4}{L \cdot d}\right) \end{aligned}$$

Se puede ver que para ambas condiciones se obtiene prácticamente la misma cantidad de metano, puesto que cuando se trabajaba a 0.10 d^{-1} se estaba muy cerca de la velocidad óptima de dilución.

Problema 1.2

Fermentador homogéneo con cinética logística de crecimiento y modelo de mantenimiento

La pleuromutilina es un antibiótico obtenido mediante fermentación usando el microorganismo *Pleurotus mutilis* siendo su fuente de carbono, glucosa. En el trabajo de Benkortbi *et al.* (2007) se encuentra descrito dicho crecimiento mediante distintas cinéticas de crecimiento, ajustándose mejor el modelo logístico que sigue las ecuaciones siguientes:

Velocidad de crecimiento de biomasa (modelo logístico)

$$\mu = \frac{1}{x}\frac{dx}{dt} = \mu_{max}\left(1 - \frac{x}{x_{max}}\right)$$

dónde $\mu_{max} = 0.071\ h^{-1}$ y $x_{max} = 0.538$ g/L.

Velocidad de consumo de sustrato (Ecuación de Pirt)

$$q_s = \frac{ds}{dt} = \gamma\frac{dx}{dt} + m_s x$$

donde $\gamma = 45.1$ g sustrato/g biomasa y $m_s = 0.013$ g sustrato/(g biomasa h)

Velocidad de formación de producto (Ecuación de Luedeking – Piret)

$$q_p = \frac{dp}{dt} = \alpha \frac{dx}{dt} + \beta x$$

donde α = 1.61 g producto/g biomasa y β = 0.015 g producto/(g biomasa h)

Si se dispone de un fermentador continuo en estado estacionario de 100 L siendo la concentración inicial de sustrato S_o = 26 g/L. Calcular:

A. La concentración final de biomasa si la velocidad de dilución es D = 0.01 h^{-1}. ¿Cuál es la producción de biomasa y producto en un día de operación?

B. Si llegado a este punto se supone que el mantenimiento es despreciable, es decir, m_s = 0 y β = 0, ¿cuáles van a ser las concentraciones de biomasa y producto conseguido si las condiciones de operación son las mismas que en el apartado anterior? Comentar los resultados obtenidos.

Apartado A

Al tratarse de un fermentador continuo en estado estacionario se tiene que el balance a la biomasa va a ser:

$$v_0(x - x_0) = \mu \cdot x \cdot V$$

Para el caso particular que se considere la alimentación estéril y cinética del modelo logístico se tiene:

$$D = \frac{v_0}{V} = \mu = \mu_{max}\left(1 - \frac{x}{x_{max}}\right)$$

Como se conoce la velocidad de dilución, la velocidad máxima de crecimiento y la concentración máxima de biomasa, se calcula la concentración de biomasa en el fermentador, que va a ser:

$$D = 0.01\ (h^{-1}) = 0.071\ (h^{-1}) \cdot \left(1 - \frac{x}{0.538\ \left(\frac{g}{L}\right)}\right); x = 0.462\ \left(\frac{g}{L}\right)$$

Por otra parte, dado que se está considerando el modelo de mantenimiento, la única posibilidad de determinar las concentraciones de sustrato es mediante los correspondientes balances al sustrato y al producto en el fermentador (no es posible usar coeficientes de rendimiento o de campo):

$$BALANCE\ AL\ SUSTRATO: v_0(s_0 - s) = r_s \cdot x \cdot V\ ;$$

Aplicando las ecuaciones del modelo de mantenimiento para la velocidad de reacción (r_s) se despeja la concentración de sustrato S:

$$D(s_0 - s) = r_s \cdot x = (\gamma\mu + m_s) \cdot x = (\gamma \cdot D + m_s);$$

Sustituyendo:

$$0.01\ (h^{-1})\left(26\left(\frac{g}{L}\right) - S\right) = \left(45.1\left(\frac{gS}{gX}\right) \cdot 0.01\ (h^{-1}) + 0.013\left(\frac{gS}{gX \cdot h}\right)\right) \cdot 0.462\left(\frac{gX}{L}\right)$$

$$\rightarrow S = 4.55\left(\frac{g\ S}{L}\right)$$

$$BALANCE\ AL\ PRODUCTO\ (suponiendo\ que\ p_0 = 0): v_0(p - p_0) = r_p x\ V$$

Aplicando el modelo del mantenimiento:

$$D \cdot P = r_p \cdot x = (\alpha \cdot \mu + \beta)x = (\alpha \cdot D + \beta)x$$

Sustituyendo con los valores conocidos, se puede despejar la concentración de P

$$0.01\,(h^{-1})\cdot P = \left(1.61\left(\frac{gP}{gX}\right)\cdot 0.01(h^{-1}) + 0.015\left(\frac{gP}{gX\cdot h}\right)\right)\cdot 0.462\left(\frac{gX}{L}\right)$$

$$\rightarrow P = 1.44\left(\frac{gP}{L}\right)$$

Finalmente, la producción de cada uno de los compuestos es:

$$Prod_{biomasa} = D\cdot x\cdot V = 0.01\,(h^{-1})\cdot\ 0.462\left(\frac{g}{L}\right)\cdot 100\,(L) = 0.462\left(\frac{g}{h}\right)$$

$$Prod_{producto} = D\cdot P\cdot V = 0.01\,(h^{-1})\cdot 100\,(L)\cdot\ 1.44\left(\frac{g}{L}\right) = 1.44\left(\frac{g}{h}\right)$$

Analizando los anteriores resultados se observa que la cantidad de sustrato que queda a la salida de fermentador es alta como suele suceder en este tipo de fermentadores. Por otra parte, la cantidad de biomasa que se va a obtener es bastante baja.

Como se piden los valores de un día de operación resultan en: 11.09 gramos de biomasa y 34.56 gramos de producto.

Apartado B

Se tienen los mismos balances de materia, pero ahora no se consideran los valores de los coeficientes de mantenimiento, ni para el sustrato ni para el producto. Se procede de la misma forma, sustituyendo los valores conocidos en los balances y despejando las concentraciones de sustrato y producto. Por otra parte, volviendo a considerar los balances al sustrato y al producto se obtiene los siguientes resultados:

$$Balance\ al\ Sustrato\colon D(s_0 - s) = r_s\cdot x = (\gamma\mu + m_s)x = (\gamma D + m_s)x$$

$$\left(26\left(\frac{gS}{L}\right) - s\right) = 45.1\left(\frac{gS}{gX}\right)\cdot 0.462\left(\frac{gX}{L}\right)\rightarrow S = 5.16\left(\frac{gS}{L}\right)$$

$$Balance\ al\ Producto\ (suponiendo\ que\ p_0 = 0)$$

$$D \cdot P = r_p \cdot x = (\alpha\mu + \beta)x = (\alpha D + \beta)x$$

$$P = \alpha \cdot x = 1.61\left(\frac{gP}{gX}\right) \cdot 0.462\left(\frac{gX}{L}\right) \rightarrow P = 0.744\left(\frac{gP}{L}\right)$$

Si se comparan los anteriores valores con los obtenidos en el apartado que consideraba mantenimiento, se observa que la concentración de sustrato a la salida es un poco mayor que la obtenida con mantenimiento. Esto es lógico, ya que en esta segunda situación no se valora el sustrato que emplea la célula en su metabolismo. Sin embargo, la concentración de producto ha descendido prácticamente a la mitad. Así, pues, si se considera que los datos son correctos podríamos decir que el producto obtenido va a estar muy relacionado con el proceso de mantenimiento de la célula.

Problema 1.3

Fermentador homogéneo en continuo con cinética de inhibición por producto

En la producción de vinagre mediante fermentación de vino se usa el microorganismo *Acetobacter aceti.* El vino usado para el proceso tiene un grado alcohólico de 11º, pero por razones de producción, este vino antes de entrar en el fermentador se diluye a la mitad con agua. Si dicha fermentación se realiza en un fermentador de mezcla completa continuo de 5 m^3 y las ecuaciones cinéticas que describen el crecimiento microbiano, el consumo de sustrato y la producción de ácido acético son las siguientes:

$$\mu = \mu_{max}\left[1-\left(\frac{p}{p_{max}}\right)^n\right]$$

$$r_s = \frac{1}{x}\frac{ds}{dt} = Y_{s/p}\cdot r_p$$

$$r_p = \frac{1}{x}\frac{dp}{dt} = a + b\mu - c\mu^2$$

donde μ_{max} = 0.26 h^{-1}, p_{max}= 63.5 g/L, n =3.61, $Y_{p/s}$ = 1.18 kg ácido acético/kg etanol, a = 1.91 kg acético (kg biomasa·h)$^{-1}$, b = 395.6 kg acético·kg biomasa^{-1} y c = 1347 kg acético h. (kg acético)$^{-1}$. Determinar:

A. El caudal del vinagre logrado si se requiere una concentración final de ácido acético de 47.4 g /L.

B. La concentración de biomasa (g/L) que sale del fermentador. ¿Cuál es la concentración de etanol en la corriente de salida en grados alcohólicos?

C. Determinar los litros de vinagre producidos con una concentración de ácido acético de 47.4 g/L si se trabaja con un fermentador continuo con recirculación de biomasa de 5 m^3 de volumen sabiendo que la eficacia del filtro es $\beta = 2$ y la recirculación R = 0.35. Definir todas las corrientes.

Dato: $\rho_{EtOH} = 789 \ kg/m^3$

Apartado A

Al tratarse de un fermentador de mezcla completa continuo en estado estacionario y suponiendo que la alimentación entra estéril, al realizar el balance de materia a la biomasa, la velocidad de dilución se iguala a la de crecimiento específico, y, por tanto, se obtiene:

$$D = \mu = \mu_{max}\left[1 - \left(\frac{p}{p_{max}}\right)^n\right]$$

Conocida la concentración de producto deseada, así como el resto de parámetros de la ecuación cinética, el caudal de vinagre obtenido es:

$$D = \frac{v_0}{5\,m^3} = 0{,}26\,(h^{-1})\left[1 - \left(\frac{47{,}4\frac{g}{L}}{63{,}5\frac{g}{L}}\right)^{3.61}\right] \rightarrow v_0 = 0{,}85\left(\frac{m^3}{h}\right)$$

Apartado B

Analizando las estequiometrías propuestas arriba se ve que la relación sustrato-producto sigue el modelo de la caja negra y, por lo tanto, la concentración de etanol a la salida del fermentador se puede determinar mediante la siguiente expresión, usando el coeficiente de campo:

$$Y_{p/s} = 1.18\left(\frac{g\ Ace}{g\ Eta}\right) = \frac{P - P_0}{S_0 - S} = \frac{47.4\left(\frac{g}{L}\right) - 0}{S_0 - S}\ ; S_0 - S = 40.169\left(\frac{g\ Eta}{L}\right)$$

Se debe conocer la concentración inicial de etanol, que es de 5.5º (porque indica que se diluye el vino a la mitad). Usando la densidad se puede convertir a g/L.

$$S_0 = 5.5^{\underline{o}} = 55\ \frac{mL\ EtOH}{L\ vino} \cdot \frac{0.790\ g\ EtOH}{mL\ EtOH} = 43.395\left(\frac{g\ EtOH}{L}\right)$$

Por tanto, al despejar S con la diferencia con S_0, la concentración de etanol a la salida del fermentador es de S = **3.23 g/L** = **0.41º**. Se puede observar que el etanol que queda en el sistema es muy pequeño, luego la dilución realizada al principio del proceso es necesaria.

Sin embargo, la relación entre el producto y la biomasa no es lineal con lo cual no va a tener definido un coeficiente de rendimiento. Lo mismo va a suceder con la relación sustrato-biomasa que no será lineal y no habrá coeficiente de campo. En estas circunstancias, la concentración de biomasa a la salida del fermentador únicamente se puede obtener haciendo el balance al producto en el fermentador:

$$D \cdot P = r_p \cdot x = (a + b\,\mu - c\mu^2) \cdot x$$

Del balance a la biomasa sabemos que D es igual a μ. Sustituyendo los correspondientes valores se obtiene:

$$D \cdot P = \frac{v_0}{V} \cdot P = \frac{0{,}8476\left(\frac{m^3}{h}\right)}{5\,(m^3)} \cdot 47{,}4\left(\frac{g\,Ace}{L}\right)$$

$$= \left(1.91 + 395{,}6 \cdot \left[\frac{0{,}8476\left(\frac{m^3}{h}\right)}{5\,(m^3)}\right] - 1347 \cdot \left[\frac{0{,}8476\left(\frac{m^3}{h}\right)}{5\,(m^3)}\right]^2\right) \cdot x$$

$$\rightarrow x = 0.266\left(\frac{g\,X}{L}\right)$$

Se puede observar que la concentración de biomasa lograda en este cultivo es bastante pequeña.

Apartado C

En la figura adjunta se muestra un diagrama de las corrientes involucradas en la recirculación.

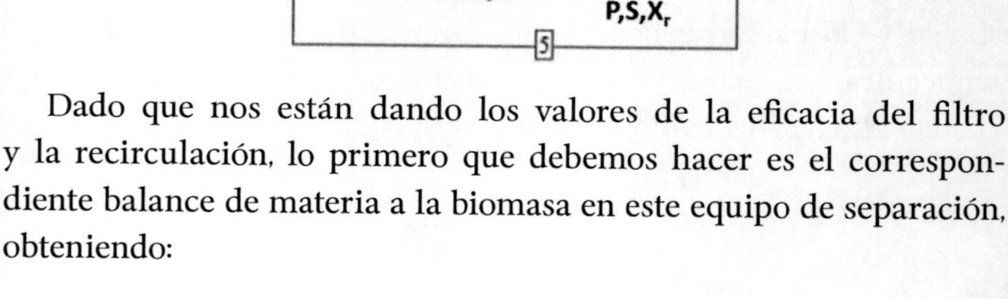

Dado que nos están dando los valores de la eficacia del filtro y la recirculación, lo primero que debemos hacer es el correspondiente balance de materia a la biomasa en este equipo de separación, obteniendo:

$$v_1 \cdot x = v_0 \cdot x_e + v_2 \cdot x_r$$

Las corrientes se pueden definir en función del caudal v_0 y del parámetro de recirculación R.

$$R = \frac{v_2}{v_0}; v_1 = v_0 + v_2 = v_o(1 + R)$$

Y por las definiciones de los parámetros f y β:

$$f = \frac{x_e}{x} ; \beta = \frac{x_r}{x}$$

El balance se puede reordenar de tal forma que:

$$R + 1 = f + R\beta$$

$$1 + 0.35 = f + (0.35 \cdot 2) \rightarrow f = 0.65$$

donde f es un parámetro adimensional relacionado con el porcentaje de biomasa que se está eliminando del sistema. Va a valer entre 0 y 1 siendo f = 1 cuando es un fermentador continuo sin recirculación y f = 0 cuando toda la biomasa generada en el fermentador se recircula.

Por otra parte, como la concentración de producto a la salida es la misma que en el apartado a) y no hay separación de este compuesto en la centrífuga, es decir, la concentración de producto en el fermentador es 47.4 g/L entonces la velocidad de crecimiento en el fermentador será la determinada en el apartado a), $\mu = 0.17\ h^{-1}$. Y considerando ahora el balance a la biomasa en el fermentador se tiene:

$$D \cdot f = \mu ; D = \frac{\mu}{f} = \frac{0.17\ (h^{-1})}{0.35} = 0.261\ (h^{-1})$$

$$\rightarrow v_0 = D \cdot V = 0.261(h^{-1}) \cdot 5\ (m^3) = 1.304 \left(\frac{m^3}{h}\right)$$

Se puede ver que en estas condiciones de operación se aumenta la producción de vinagre un 53.8 %. Llegado a este punto, se van a realizar los balances al mezclador antes del reactor a fin de evaluar las concentraciones de producto y sustrato que están entrando en el fermentador.

Balance al mezclador para el producto:

$$v_1 \cdot P_1 = v_2 \cdot P + v_0 \cdot P_0$$

Reordenando y referenciando las corrientes (asumiendo que no se alimenta producto: P_0 es 0)

$$P_1 = \frac{R \cdot P}{R+1} = \frac{0.35 \cdot 47.4\left(\frac{g}{L}\right)}{1.35} = 12.289\left(\frac{g\ Ace}{L}\right)$$

Balance al mezclador para el sustrato:

$$v_1 \cdot S_1 = v_2 \cdot S + v_0 \cdot S_0$$

En este caso, la concentración de sustrato que se alimenta no es 0. Reordenando y referenciando las corrientes.

$$S_1 = \frac{S_0 + R \cdot S}{R+1} = \frac{43.395 + (0.35 \cdot 3.226)}{1.35} = 32.98\left(\frac{g\ Eta}{L}\right)$$

Finalmente, realizando el balance al producto en el fermentador se obtiene la siguiente expresión:

$$v_1\,(P - P_1) = r_p \cdot V \cdot x = (a + b \cdot \mu - c \cdot \mu^2) \cdot V \cdot x$$

Despejando de aquí la concentración de biomasa, expresando μ como el producto de D·f:

$$x = \frac{v_0 \cdot (1+R)(P-P_1)}{(a + b \cdot D \cdot f - c \cdot (D \cdot f)^2) \cdot V} = \frac{0.85\left(\frac{m^3}{h}\right) \cdot (1+0.35)(47.7-32.98)}{(1.91 + 395.6 \cdot 0.26 \cdot 0.35 - 1347 \cdot (0.26 \cdot 0.35^2)) \cdot 5}$$
$$= 0.409\left(\frac{gX}{L}\right)$$

Teniendo en cuenta las definiciones de f y β se tiene que las concentraciones de biomasa eliminadas y recirculadas son, respectivamente; x_e = **0.2665 g/ L** y x_r = **0.8170 g/L**.

Problema 1.4

Fermentador continuo con cinética de inhibición por sustrato y mantenimiento celular

El ácido succínico ($C_4H_6O_4$) se puede producir por fermentación con el microorganismo *Actinobacillus succinogenes.* En bibliografía se recogen diversas cinéticas, pero nosotros nos vamos a centrar en una con inhibición por sustrato, a fin de ver la bondad de los resultados obtenidos con ella. Las ecuaciones para esta cinética es:

Velocidad de crecimiento de la biomasa

$$\mu = \frac{1}{x}\frac{dx}{dt} = \mu_{max}\left(1 - \frac{S}{S_{max}}\right)^n \frac{S}{k_s + S}$$

donde $\mu_{max} = 0.50\ h^{-1}$; $k_s = 2.03$ g/L; $S_{max} = 155$ g/L y n = 0.6.

Velocidad de consumo de sustrato (Ecuación de Pirt)

$$q_s = \frac{dS}{dt} = \gamma\frac{dx}{dt} + m_s x$$

donde $\gamma = 4.35$ g sustrato/g biomasa y $m_s = 0.31$ g sustrato/(g biomasa h)

Velocidad de formación de producto (Ecuación de Luedeking – Piret)

$$q_p = \frac{dp}{dt} = \alpha\frac{dx}{dy} + \beta x$$

Donde α = 3.6 g producto/g biomasa y β = 0.3 g producto/(g biomasa·h).

Si se dispone de un fermentador de mezcla completa continuo en estado estacionario de 100 L y la concentración inicial de glucosa es S_o = 100 g/L. Determinar:

A. Si la concentración de glucosa a la salida del fermentador es 20 g/L, ¿cuál es la producción de biomasa y de producto logrado?

B. El modelo cinético para describir el crecimiento parece muy complicado. Si llegado a este punto, se supone que la cinética de crecimiento es de tipo Monod, ¿cómo se modifican los datos obtenidos en el apartado anterior?

Apartado A

En este caso se tiene un fermentador de mezcla completa continuo en estado estacionario y se va a suponer que la alimentación es estéril. En estas condiciones, el balance de materia a la biomasa iguala la velocidad de dilución a la cinética, que, en este caso, es de inhibición por sustrato como se muestra a continuación:

$$D = \mu = \mu_{max}\left(1 - \frac{S}{S_{max}}\right)^n \frac{S}{k_s + S}$$

Sustituyendo ahora el valor de la concentración de glucosa que nos están indicando, así como el resto de parámetros de la ecuación cinética, se tiene que la velocidad de dilución con la que se está trabajando es:

$$D = \mu_{max}\left(1 - \frac{20}{155}\right)^{0.6} \frac{20}{2.03 + 20} = 0.418\ (h^{-1})$$

Dado que existe mantenimiento, para el cálculo de las distintas concentraciones, únicamente se puede usar los correspondientes balances al sustrato y al producto en el fermentador. Así, realizando cada uno de ellos y teniendo en cuenta la ecuación de Pirt y de Ludeking-Piret se obtiene:

Balance de materia al sustrato:

$$D\,(s_0 - s) = r_s \cdot x = q_s = (\gamma \cdot \mu + m_s)x$$

Pero como D = μ, sustituyendo los valores se tiene que la concentración de biomasa a la salida del fermentador es

$$x = \frac{D\,(s_0 - s)}{(\gamma\, D + m_s)} = \frac{0.418(h^{-1}) \cdot (100 - 20)\left(\frac{g}{L}\right)}{4.35\left(\frac{g}{g}\right) \cdot 0.418\,(h^{-1}) + 0.31\left(\frac{g}{g \cdot h}\right)}$$

Se puede ver que la concentración de biomasa que se está generando en este proceso es bastante elevada.

Balance de materia al producto:

$$D \cdot P = r_p \cdot x = q_p = (\alpha \cdot \mu + \beta)x$$

Sustituyendo, conocidos todos los valores, se tiene que la concentración de producto va a ser:

$$P = \frac{(\alpha \cdot D + \beta)x}{D} = \frac{\left(0.418\,(h^{-1}) \cdot 3.6\left(\frac{g}{g}\right) + 0.3\left(\frac{g}{g \cdot h}\right)\right)15.71\left(\frac{g}{L}\right)}{0.418\,(h^{-1})} = 67.80\,\left(\frac{g}{L}\right)$$

Con estos datos se puede concluir que el proceso parece ser muy rentable ya que la concentración de ácido succínico que se logra es muy elevada. Y determinando la producción de ácido succínico se tiene:

$$Prod_{Succ} = D \cdot P \cdot V = 0.418\,(h^{-1}) \cdot 67.80\,\left(\frac{g}{L}\right) \cdot 100(L) = 2834\left(\frac{g\ Succ}{h}\right)$$

Apartado B

En este apartado se va a estudiar si, en las condiciones de operación propuestas, se podrían usar modelos cinéticos más sencillos y, por lo tanto, con menores errores en la determinación de los parámetros.

La simplificación es usar el modelo de Monod junto con las ecuaciones de Pirt y de Luedeking-Piret descritas arriba. Calculando de esta manera, los valores de la cinética de Monod:

$$\mu = \mu_{max}\frac{S}{k_s + S}\ con\ \mu_{max} = 0.5\ h^{-1};\ k_s = 2.03\ g/L$$

Con esta cinética se tiene que la velocidad de dilución con la que se está trabajando sería:

$$D = \mu = \mu_{max}\frac{S}{k_s + S} = 0.5(h^{-1})\frac{20}{2.03 + 20} = 0.454\ (h^{-1})$$

Y si se realiza ahora los mismos balances al sustrato y al producto que en el apartado anterior se obtienen los siguientes resultados:

Balance de materia al sustrato:

$$x = \frac{D\ (s_0 - s)}{(\gamma\ D +\ m_s)} = \frac{0.454(h^{-1})(100 - 20)\left(\frac{gS}{L}\right)}{0.454(h^{-1})\cdot 4.35\left(\frac{gS}{gX}\right) + 0.31\left(\frac{gS}{gX\cdot h}\right)} = 15.90\left(\frac{gX}{L}\right)$$

Balance de materia al producto:

$$P = \frac{(\alpha\ D +\ \beta)x}{D} = \frac{\left(0.454(h^{-1})\cdot 3.6\left(\frac{gP}{gX}\right) +\ 0.3\left(\frac{gP}{gX\cdot h}\right)\right)15.90\left(\frac{gX}{L}\right)}{0.454\ (h^{-1})}$$

$$= 67.73\ \left(\frac{gP}{L}\right)$$

Finalmente, la producción de ácido succínico sería de:

$$Prod_{succ} = D\cdot P\cdot V = 0.454\ (h^{-1})\cdot 67.73\left(\frac{gP}{L}\right)\cdot 100(L) = 3075\ \left(\frac{g\ Succ}{h}\right)$$

Analizando los anteriores datos, se puede ver que las concentraciones que se obtienen son similares por ambos modelos. Esto nos indica que la inhibición por sustrato considerada es despreciable en las condiciones de operación.

Problema 1.5

Fermentadores continuos en serie

En los últimos años se está potenciando el uso se fuentes alternativas de energía como el hidrógeno. Este se puede obtener por vía química o vía fermentativa. Según los trabajos de Das (2008), una posible alternativa para obtenerlo es mediante la combinación de dos procesos de fermentación consecutivos.

A. La primera fermentación utiliza la bacteria anaerobia *Enterobacter cloacae*. Esta bacteria usa como fuente de carbono glucosa y como fuente de nitrógeno, amoniaco. Las condiciones de la fermentación son 37ºC y pH = 6.5. En estas condiciones se generan como productos metabólicos: biomasa, acetato e hidrógeno.

A.1. Ajustar los parámetros estequiométricos del modelo de caja negra sabiendo que $Y_{x/s} = 0.27$ C-mol biomasa/C- mol glucosa e $Y_{p/x} = 2.2$ g acetato/ g biomasa.

A.2. Si se supone que la cinética es de tipo Monod determinar para la velocidad de dilución óptima, la producción de hidrógeno por volumen de fermentador si se trabaja con una alimentación constituida por glucosa al 5 % en peso/volumen y con un caudal de 1 m^3/h. Los parámetros cinéticos son $\mu_{max} = 0.40\ h^{-1}$ y $k_s = 5.51$ g/L.

B. En un segundo fermentador fotoquímico se utiliza la bacteria fotosintética *Rodhobacter sphaeroides*. Esta bacteria en presencia de luz usa el acetato en condiciones anaerobias para generar como productos metabólicos: biomasa ($CH_{1.8}O_{0.5}N_{0.2}$), CO_2 e hidrógeno, como únicos productos metabólicos.

B.3. Si la arquitectura del sistema completo es la que se presenta en la figura adjunta. Determinar el volumen del segundo fermentador, V_2, y la producción de H_2 sabiendo que se trabaja en condiciones óptimas. Para el segundo fermentador, la ecuación de crecimiento celular viene dada por el modelo logístico:

$$\mu = \mu_{max}\left(1 - \frac{x}{x_{max}}\right)$$

donde μ_{max} = 0.07 h^{-1} y x_{max} = 0.40 g/L. Para este proceso, el coeficiente de campo biomasa-sustrato es $Y_{x/s}$ = 0.15 g biomasa/ g sustrato.

B.4. Determinar la cantidad y composición de los gases (en base seca) que está produciéndose en este sistema de fermentadores en serie.

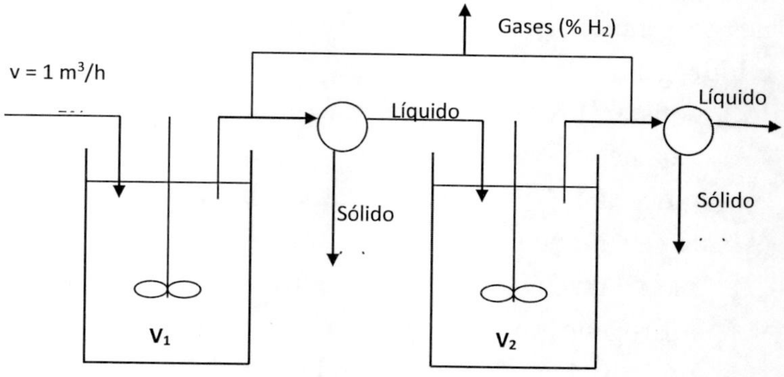

Apartado A

El primero de los procesos fermentativos que tiene lugar se puede describir mediante la siguiente ecuación estequiométrica:

$$-CH_2O - \alpha_N NH_3 + \gamma\, CH_{1.8}O_{0.5}N_{0.2} + \beta_p\, CH_2O + \beta_{CO2}\, CO_2 + \beta_{H2}\, H_2 + \beta_w\, H_2O = 0$$

Como se puede observar, se tienen 6 coeficientes estequiométricos y nos están dando dos coeficientes de campo, es decir, se van a requerir los 4 balances (balances elementales al C, N e H y el balance a los grados de reducción) para poder determinar el resto de parámetros. Teniendo en cuenta los parámetros conocidos, se obtienen el siguiente sistema de ecuaciones:

En primer lugar, los valores conocidos desde los coeficientes de campo, se puede convertir en g/g.

$$\gamma = Y_{x/s} = 0.27\,\frac{Cmol\ Biom}{Cmol\ Glc} = 0.27\,\frac{Cmol\ Biom}{Cmol\ Glc}\frac{24.6\,\frac{g\ Biom}{Cmol\ Bio}}{30\,\frac{g\ Glc}{Cmol\ Glc}} = 0.2214\,\frac{g\ Biom}{g\ Glc}$$

$$\beta_p = Y_{p/x}\cdot Y_{x/s} = 2.2\,\frac{g\ Acet}{g\ Biom}\cdot 0.2214\frac{g\ Biom}{g\ Glc} = 0.4871\,\frac{g\ Acet}{g\ Glc}$$

$$= 0.4871\,\frac{g\ Acet}{g\ Glc}\frac{30\,\frac{g\ Glc}{Cmol\ Glc}}{30\,\frac{g\ Acet}{Cmol\ Acet}} = 0.4871\,\frac{Cmol\ Acet}{Cmol\ Glc}$$

Y, a continuación, los balances de materia:

$$Balance\ al\ C;\ -1 + \gamma + \beta_p + \beta_{CO2} = 0;\ \beta_{CO2} = 0.243\frac{mol\ CO_2}{Cmol\ Glc}$$

$$Balance\ al\ N;\ -\alpha_N + 0.2\,\gamma = 0\ ;\ \alpha_N = 0.054\,\frac{mol\ NH_3}{Cmol\ glucosa}$$

$$Grados\ de\ reducción;\ -4 + 4.2\,\gamma + 4\,\beta_p + 2\,\beta_{H2} = 0\ ;\ \beta_{H2} = 0.459\,\frac{mol\ H_2}{Cmol\ Glc}$$

$$Balance\ al\ H;\ -2 - 3\alpha_N + 1.8\,\gamma + 2\beta_p + 2\beta_{H2} + 2\,\beta_{H2O} = 0\ ;$$

$$\beta_{H2O} = -0.108\,\frac{mol\ H_2O}{Cmol\ Glc}$$

Se puede ver que, en este caso, como en muchos procesos anaerobios se consume agua en vez de producirse. Teniendo presente todos estos datos nos queda que la ecuación estequiométrica que describe nuestro proceso es:

$$-CH_2O - 0.054\,NH_3 - 0.108\,H_2O + 0.270\,CH_{1,8}O_{0,5}N_{0,2} + 0.487\,CH_2O + 0.243\,CO_2 + 0.459\,H_2 = 0$$

Al tratarse de un fermentador continuo en estado estacionario y con alimentación estéril, el balance de materia a la biomasa queda reducido a:

$$D = \mu = \mu_{max}\frac{S}{K_s + S}$$

Siendo la velocidad de dilución óptima para este proceso:

$$D_{opt} = \mu_{max}\left[1 - \frac{1}{\sqrt{1 + {S_0}/{k_s}}}\right] = 0.40\,h^{-1}\left[1 - \frac{1}{\sqrt{1 + {50\left(\frac{g}{L}\right)}\Big/{5.51\left(\frac{g}{L}\right)}}}\right]$$

$$= 0.274\,h^{-1}$$

Sustituyendo ahora en la ecuación superior (cinética de Monod), se puede calcular la concentración de sustrato a la salida del primer fermentador que será:

$$D = \mu_{max}\frac{S}{k_s + S} = 0.4\,(h^{-1})\frac{S}{5.51\left(\frac{g}{L}\right) + S} = 0.274\,(h^{-1});\; S = 12.0\left(\frac{g}{L}\right)$$

Por tanto, la concentración de glucosa que queda tras el primer fermentador es bastante elevada. Por otra parte, el volumen de fermentador requerido se calcula desde D una vez conocido el caudal, de tal forma:

$$D = 0.274\,(h^{-1}) = \frac{v_0}{V} = \frac{1\left(\frac{m^3}{h}\right)}{V}\,; V = 3.65\,(m^3)$$

La producción de hidrógeno en el fermentador, se calcula con el coeficiente de campo y el valor D:

$$Prod_{H2} = D \cdot P = D \cdot Y_{H2/s} \cdot (S_0 - S) = 0.274\,(h^{-1}) \cdot Y_{H2/s} \cdot (50 - 12)\left(\frac{g\ Glc}{L}\right)$$

$$= 0.159\left(\frac{mol\ H_2}{L \cdot h}\right)$$

Calculando en términos de productividad, usando el valor del volumen: 3650 L, se obtiene una **productividad de 581.2 mol H_2/h.**

Apartado B

Esta segunda fermentación va a venir descrita por la siguiente ecuación estequiométrica:

$$-CH_2O - \alpha_N NH_3 + \gamma\, CH_{1,8}O_{0,5}N_{0,2} + \beta_{CO2}\, CO_2 + \beta_{H2}\, H_2 + \beta_w H_2O = 0$$

Y volviendo a aplicar tres balances elementales de materia y el balance a los grados de reducción se obtiene lo siguiente:

$$\gamma = 0.15\,\frac{g\ Biom}{g\ Acet} = 0.15\,\frac{g\ Biom}{g\ Acet}\frac{30\,\frac{g\ Acet}{Cmol\ Acet}}{24.6\,\frac{g\ Biom}{Cmol\ Biom}} = 0.183\,\frac{Cmol\ Biom}{Cmol\ Acet}$$

$$Balance\ al\ C;\ -1 + \gamma + \beta_{CO2} = 0;\ \beta_{CO2} = 0.817\,\frac{mol\ CO_2}{Cmol\ Acet}$$

$$Balance\ al\ N;\ -\alpha_N + 0.2\,\gamma = 0\,;\ \alpha_N = 0.0366\,\frac{mol\ NH_3}{Cmol\ Acet}$$

$$Grados\ de\ reducción;\ -4 + 4.2\,\gamma + 2\,\beta_{H2} = 0\,;\ \beta_{H2} = 1.616\,\frac{mol\ H_2}{Cmol\ Acet}$$

$$Balance\ al\ H;\ -2 - 3\alpha_N + 1.8\,\gamma + 2\beta_{H2} + 2\,\beta_{H2O} = 0\,;\ \beta_{H2O} = -0.726\,\frac{mol\ H_2O}{Cmol\ Acet}$$

Al igual que ocurría en el proceso anterior se ve que, en este caso, se está consumiendo agua. Así, pues, la ecuación estequiométrica completa es:

$$-CH_2O - 0.0366\,NH_3 - 0.726\,H_2O + 0.183\,CH_{1,8}O_{0,5}N_{0,2} + 0.817\,CO_2 + 1.616\,H_2 = 0$$

Una vez conocida la estequiometría del proceso debemos centrarnos en la cinética. Como el modelo de crecimiento propuesto es el modelo logístico se tiene que la velocidad de dilución optima va a ser:

$$D_{opt} = \frac{\mu_{max}}{2} = 0.035\ (h^{-1})$$

Y en estas condiciones de operación se tiene que la concentración de biomasa en el fermentador y el volumen de este van a ser, respectivamente:

$$x = \frac{x_{max}}{2} = 0.20\left(\frac{g}{L}\right);\ V = \frac{v_0}{D_{opt}} = \frac{1\left(\frac{m^3}{h}\right)}{0.035\ (h^{-1})} = 28.6\ (m^3)$$

Analizando los anteriores datos se puede ver que la concentración de biomasa que se está logrando en este fermentador es muy escasa y además el volumen requerido es elevado, comparado con el primer fermentador.

Finalmente, utilizando los coeficientes de campo obtenidos previamente se puede calcular la producción de hidrógeno por unidad de volumen del fermentador, y, desde esta, con el volumen del mismo, la productividad total.

$$Prod_{H2} = D \cdot P = D \cdot Y_{H2/x}(x - x_0) = 0.035\ (h^{-1}) \cdot Y_{\frac{H2}{x}}(0.2 - 0)\left(\frac{g\,X}{L}\right) = 2.51 \cdot 10^{-3}\left(\frac{mol\ H_2}{L \cdot h}\right)$$

Conocidos los 28600 L de volumen de fermentador, **la productividad resulta en 71.82 molH_2/h.**

Donde el coeficiente de campo se calcula desde los coeficientes estequiométricos:

$$Y_{H2/x} = \frac{\beta_{H2}}{\gamma} = \frac{1.1616\ \frac{mol\ H_2}{Cmol\ Acet}}{0.183\ \frac{Cmol\ Biom}{Cmol\ Acet}} = 8.833\ \frac{mol\ H_2}{Cmol\ Biom} \frac{1}{24.6 \frac{g\ Biom}{Cmol\ Biom}}$$

$$= 0.359 \left(\frac{mol\ H_2}{g\ Biom}\right)$$

Se puede ver que la cantidad de hidrógeno que se está produciendo en este fermentador es muy pequeña y posiblemente no sea rentable. Esto nos hace pensar que la alternativa mejor sea usar solo la fermentación en oscuridad.

Para calcular la composición de los gases, si lo calculamos en base seca se tiene que como nuestros procesos son anaerobios, los únicos gases de salida son el H_2 y el CO_2. Determinando ahora la producción de CO_2 en cada uno de los fermentadores se tiene:

$$Prod_{CO_2}(1^{er}\ fermentador) = D \cdot P_{CO2} \cdot V_1 = D \cdot Y_{CO2/s}(S_0 - S) \cdot V_1$$

$$= 0.274\ (h^{-1}) \cdot Y_{CO2/s} \cdot (50 - 12) \left(\frac{g\ Glc}{L}\right) \cdot 3650\ (L)$$

$$= 388.8 \left(\frac{mol\ CO_2}{h}\right)$$

$$Prod_{CO_2}(2^{\underline{o}}\ fermentador) = D \cdot P_{CO2} \cdot V_2 = D \cdot Y_{CO2/x} \cdot (x - x_0) \cdot V_2$$

$$= 0.035\ (h^{-1}) \cdot Y_{\frac{CO2}{x}}(0.2 - 0) \left(\frac{g\ X}{L}\right) \cdot 28570\ (L) = 36.31 \left(\frac{mol\ CO_2}{h}\right)$$

Por lo tanto, la producción total y la relación entre H_2 y CO_2 va a ser:

$$1^{er}\ fermentador; Prod\ H_2 = 581.2 \frac{mol\ H_2}{h}; Prod\ CO_2 = 388.8 \frac{mol\ CO_2}{h}; \frac{H_2}{CO_2} = 1.5 \frac{mol\ H_2}{mol\ CO_2}$$

$$2^{\underline{o}}\ fermentador; Prod\ H_2 = 71.82 \frac{mol\ H_2}{h}; Prod\ CO_2 = 36.31 \frac{mol\ CO_2}{h}; \frac{H_2}{CO_2} = 2.0 \frac{mol\ H_2}{mol\ CO_2}$$

$$\boldsymbol{Total}\ ; Prod\ H_2 = 653.0 \frac{mol\ H_2}{h}; Prod\ CO_2 = 424.1 \frac{mol\ CO_2}{h}; \frac{H_2}{CO_2} = 1.54 \frac{mol\ H_2}{mol\ CO_2}$$

Problema 1.6

Comparación de modelos cinéticos en el diseño de fermentadores continuos

En los últimos años, el glicerol ha surgido como una fuente de carbono importante, dado que es un subproducto de la industria del biodiesel y elemento referencia en los denominados compuestos «bio». Una de sus posibles usos es producir un producto de gran valor añadido como la dihidroxiacetona (DHA). Existen diversos estudios para la obtención de este compuesto por fermentación. En uno de ellos, los datos de fermentación se han ajustado a diferentes modelos cinéticos de inhibición por producto:

$$Ecuación\ de\ Ghose\ et\ al.;\ \mu = \mu_{\max}\frac{s}{K_s + s}\left(1 - \frac{p}{p_{max}}\right)$$

donde μ_{max} = 0.18 h^{-1}; K_s = 0.32 g/L; p_{max} =20.3 g/L.

$$Ecuación\ de\ Egamberdiev;\ \mu = \mu_{\max}\frac{s}{K_s + s}\left(\frac{K_{ip}}{K_{ip} + p}\right)$$

donde μ_{max} = 0.15 h^{-1}, K_s = 0.29 g/L y la constante de inhibición K_{ip} = 11.7 g/L.

Para comprobar la bondad de ambos modelos cinéticos se analizan los resultados obtenidos en un fermentador continuo en estado estacionario de 2 L sabiendo que la concentración inicial de sustrato es s_0 = 30 g/L, la concentración de sustrato a la salida del fermentador, s = 0.6 g/L y el caudal que se está tratando, v = 0.1 L/h.

A. Determinar la producción de DHA lograda en el experimento aplicando las dos cinéticas y comparar los datos obtenidos. Calcular el coeficiente de campo $Y_{p/s}$ para ambas cinéticas. Comentar los resultados obtenidos.

B. Considerando el $Y_{p/s}$ calculado en el apartado anterior, determinar el volumen de un fermentador para obtener una producción de 10000 Kg DHA/año si se quiere que la concentración de salida sea 15 g DHA/L siendo la concentración inicial de sustrato s_0=40 g/L. Comparar los datos obtenidos por ambas cinéticas.

Apartado A

En este apartado estamos trabajando con un fermentador continuo en estado estacionario y como no nos indica lo contrario se va a suponer que la alimentación es estéril. En estas condiciones, la velocidad de dilución de este fermentador va a ser:

$$D = \frac{v_0}{V} = \frac{0.1\left(\frac{L}{h}\right)}{2\,(L)} = \mu = 0.05\;(h^{-1})$$

Aplicando ahora cada una de las cinéticas con inhibición por producto propuesta y sustituyendo los valores conocidos, se puede estimar la concentración de producto en cada caso:

$$\textit{Ecuación de Ghose};\; D = 0.05\,h^{-1} = \mu_{\max}\frac{s}{K_s + s}\left(1 - \frac{p}{p_{max}}\right)$$

$$= 0.18\,(h^{-1})\,\frac{0.6\left(\frac{g}{L}\right)}{0.32\left(\frac{g}{L}\right) + 0.6\left(\frac{g}{L}\right)}\left(1 - \frac{P}{20.3\left(\frac{g}{L}\right)}\right);\; P = 11.65\,\left(\frac{g}{L}\right)$$

$$Ecuación\ de\ Egamberdiev;\ D = 0.05\ h^{-1} = \mu_{\max}\frac{s}{K_s + s}\left(\frac{K_{ip}}{K_{ip} + p}\right)$$

$$= 0.15\ \mathrm{h}^{-1}\frac{0.6\left(\frac{g}{L}\right)}{0.29\left(\frac{g}{L}\right) + 0.6\left(\frac{g}{L}\right)}\left(\frac{11.7\left(\frac{g}{L}\right)}{11{,}7\left(\frac{g}{L}\right) + P}\right);\ P = 11.96\left(\frac{g}{L}\right)$$

Como se puede ver la diferencia de concentraciones obtenidas por ambos modelos es muy pequeña y se encuentra dentro de los errores experimentales con lo cual se puede decir que ambos modelos explican el proceso de fermentación.

Por otra parte, los correspondientes coeficientes de rendimiento para ambos modelos son, respectivamente:

$$Y_{p/s} = \frac{P - P_0}{S_0 - S} = \frac{11.65\left(\frac{g}{L}\right)}{(30 - 0.6)\left(\frac{g}{L}\right)} = 0.396\ \frac{gDHA}{gglc}\ (modelo\ de\ Ghose)$$

$$Y_{p/s} = \frac{P - P_0}{S_0 - S} = \frac{11.96\left(\frac{g}{L}\right)}{(30 - 0.6)\left(\frac{g}{L}\right)} = 0.407\ \frac{gDHA}{gglc}\ (modelo\ de\ Egamberdiev)$$

Como sucedía con las concentraciones, el valor del coeficiente de campo obtenido por ambos métodos es similar.

Finalmente, en este apartado nos piden la producción de DHA que se logra por unidad de volumen de fermentación, obteniendo los siguientes resultados para ambos modelos:

$$Prod\ DHA = D \cdot P = 0.05(h^{-1}) \cdot 11.65\left(\frac{g}{L}\right) = 0.583\left(\frac{gDHA}{L \cdot h}\right)\ (modelo\ de\ Ghose)$$

$$Prod\ DHA = D \cdot P = 0.05(h^{-1}) \cdot 11.96\left(\frac{g}{L}\right)$$

$$= 0.598\left(\frac{gDHA}{L \cdot h}\right)\ (modelo\ de\ Egamberdiev)$$

Con todos estos resultados, se puede concluir que ambos modelos podrían explicar el comportamiento de esta fermentación, por lo menos, en estas condiciones de operación.

Apartado B

Una vez comprobado que ambos modelos explican satisfactoriamente el comportamiento de la fermentación de laboratorio se van a usar esos datos para diseñar un fermentador industrial. Para ello, lo primero que se debe determinar es la concentración de sustrato a la salida, S, usando los coeficientes de rendimiento determinados en el apartado anterior. En estas condiciones para ambos modelos se obtienen los siguientes resultados:

$$Y_{p/s} = \frac{P - P_0}{S_0 - S} = \frac{15\left(\frac{g}{L}\right)}{(40 - S)\left(\frac{g}{L}\right)} = 0.396\,\frac{gDHA}{gglc} \rightarrow S = 2.12\left(\frac{g}{L}\right)\ (modelo\ de\ Ghose$$

$$Y_{p/s} = \frac{P - P_0}{S_0 - S} = \frac{15\left(\frac{g}{L}\right)}{(40 - S)\left(\frac{g}{L}\right)} = 0.41\,\frac{gDHA}{gglc} \rightarrow S$$
$$= 3.14\left(\frac{g}{L}\right)\ (modelo\ de\ Egamberdiev)$$

Por otra parte, considerando la ecuación de diseño de este tipo de fermentadores, descrita arriba, se obtiene que la velocidad de dilución con la cual se está trabajando es:

$$Ecuación\ de\ Ghose;\ D = \mu_{\max}\frac{S}{K_s + S}\left(1 - \frac{P}{P_{max}}\right) = 0.0409\ (h^{-1})$$

$$Ecuación\ de\ Egamberdiev;\ D = \mu_{\max}\frac{S}{K_s + S}\left(\frac{K_{ip}}{K_{ip} + p}\right) = 0.0602\ (h^{-1})$$

Se puede observar que, en este caso, sí hay una diferencia apreciable entre las velocidades de dilución obtenidas para ambos modelos. Este error se va a trasladar al volumen de biorreactor requerido. El volumen del fermentador se calcula desde la productividad de DHA requerida: 10,000 kg por año, que son 1.26 kg/h.

$$Prod_{DHA} = D \cdot P \cdot V = 0.041\ (h^{-1}) \cdot 15\left(\frac{g}{L}\right) \cdot V = 1262\ \frac{gDHA}{h}; \rightarrow V = 2058\ L\ (Ghose)$$

$$Prod_{DHA} = D \cdot P \cdot V = 0.060\ (h^{-1}) \cdot 15\left(\frac{g}{L}\right) \cdot V = 1262\ \frac{gDHA}{h}; \rightarrow V = 1400\ L\ (Egamberdiev)$$

Se puede observar que el volumen requerido de fermentación es significativamente diferente para ambos modelos. Como conclusión de este problema se puede decir que, aunque a nivel de laboratorio ambas modelos explican bien el comportamiento, al hacer el cálculo a nivel industrial los errores cometidos se multiplican, ofreciendo volúmenes de fermentación muy diferentes.

Problema 1.7

Mejora de la producción de VLPs por la recirculación de biomasa

Muchas vacunas se fundamentan en administrar al paciente las proteínas de la cápside del virus (VLPs), sin que incluyan el material genético, y, por tanto, sin ser infectivas.

La producción de VLPs se lleva a cabo en biorreactores, utilizando células inmortalizadas de riñón fetal humano (HEK293). Concretamente, utilizando un reactor de 500 litros, al que se le alimenta una corriente estéril con una concentración de 25 g/L de glucosa. El reactor opera en estado estacionario, siguiendo cinética de Monod y consigue una concentración de biomasa en el reactor de 1.6 g/L.

A. Calcule el caudal óptimo de trabajo para maximizar la producción de VLPs. ¿Cuál sería la productividad del producto en ese caso?

B. ¿Cuál sería el máximo caudal al que podría trabajarse, para evitar el lavado del reactor?

C. Para el caudal obtenido en el apartado A: ¿A qué velocidad específica consumen glucosa las células HEK293? ¿Cuál es la concentración de glucosa en la corriente de salida?

Se decide poner un filtro a la salida del reactor, con el objetivo de recircular la biomasa, con una tasa de recirculación de 1.5. Si se quiere aumentar un 20 % la productividad de producto (considerando constante el caudal de la alimentación al sistema).

D. ¿Cuánto vale la eficiencia del filtro si la concentración de biomasa en el interior del reactor se multiplica por quince?

E. ¿Cuánta concentración de sustrato sería necesario alimentar ahora como mínimo?

Datos: μ_{max} = 0.028 (h^{-1}); K_s = 3 (g/L); Yp/x = 0.81 (mg/g); Yx/s = 0.08 (g/g)

Apartado A

En primer lugar, se pide el valor de la velocidad óptima de dilución, que se calcula conforme a la ecuación:

$$D_{opt} = \mu_{max}\left[1 - \frac{1}{\sqrt{1 + {S_0}/{k_s}}}\right] = 0.028\,(h^{-1}) \cdot \left[1 - \frac{1}{\sqrt{1 + {25\left(\frac{g}{L}\right)}/{3\left(\frac{g}{L}\right)}}}\right]$$

$$= 0.019\,(h^{-1})$$

Conocida la velocidad de dilución, se procede a calcular la productividad del producto, desde el coeficiente de campo $Y_{p/x}$:

$$Y_{p/x} = \frac{P - P_0}{x - x_0} = \frac{P}{x} \rightarrow P = x \cdot Y_{p/x} = 1.6\left(\frac{gx}{L}\right) \cdot 0.81\left(\frac{mgP}{gx}\right) = 1.296\left(\frac{mgP}{L}\right)$$

Desde la concentración de producto, se calcula la productividad:

$$\text{Prod}_{\text{VLPs}} = D \cdot P \cdot V = 0.019(h^{-1}) \cdot 1.30 \left(\frac{mgP}{L}\right) \cdot 500\ (L) = 12.3 \left(\frac{mgP}{h}\right)$$

Apartado B

El reactor sufre un proceso de lavado cuando la concentración de las células en su interior es cero. Esta será la máxima velocidad de dilución o D de lavado (D_w) a la que se podrá trabajar. Para poder determinarla, se debe despejar el valor de la concentración de sustrato de la ecuación de Monod:

$$\mu = D = \mu_{max} \frac{S}{K_s + S} \rightarrow S = \frac{K_s}{\frac{\mu_{max}}{D_w} - 1}$$

Por la definición del coeficiente de campo (para alimentación estéril):

$$Y_{x/s} = \frac{x - x_0}{S_0 - S} \rightarrow x = Y_{xs}(S_0 - S) = 0$$

Por tanto, la diferencia de las concentraciones de sustrato debe ser 0. Si sustituimos entonces la expresión calculada antes, y despejamos D_w:

$$S_0 = S = \frac{K_s}{\frac{\mu_{max}}{D_w} - 1} \rightarrow D_w = \frac{\mu_{max}}{1 + \frac{K_s}{S_0}} = \frac{0.028(h^{-1})}{1 + \frac{3}{25}} = 0.025\ (h^{-1})$$

Por tanto, la máxima velocidad de dilución a la que se puede trabajar es 0.025 h^{-1}.

Apartado C

Se pide la velocidad específica de consumo de glucosa por parte de las células, es decir, r_s, que se puede calcular desde el coeficiente de campo de tal forma que:

$$Y_{x/s} = \frac{r_x}{r_s} \rightarrow r_s = \frac{r_x}{Y_{\frac{x}{s}}} = \frac{\mu}{Y_{\frac{x}{s}}} = \frac{D}{Y_{\frac{x}{s}}} = \frac{0.019(h^{-1})}{0.08\left(\frac{gX}{gS}\right)} = 0.238\left(\frac{gS}{gX \cdot h}\right)$$

La concentración de sustrato se calcula, despejando de la ecuación de Monod, haciendo el mismo planteamiento que se realizó en el apartado b:

$$\mu = D = \mu_{max}\frac{S}{K_s + S} \rightarrow S = \frac{K_s}{\frac{\mu_{max}}{D} - 1} = \frac{3\left(\frac{g}{L}\right)}{\frac{0.028\,(h^{-1})}{0.019(h^{-1})} - 1} = 6.33\left(\frac{g}{L}\right)$$

Apartado D

El sistema planteado es semejante al apartado C del problema 1.3. En primer lugar, se definen las nuevas concentraciones conocidas según el enunciado:

$$x' = 15 \cdot x = 15 \cdot 1.6\left(\frac{gX}{L}\right) = 24\left(\frac{gX}{L}\right)$$

$$P' = 1.2 \cdot P = 1.2 \cdot 1.3\left(\frac{mgP}{L}\right) = 1.56\left(\frac{mgP}{L}\right)$$

Igualmente, se definen las corrientes en función de la relación de recirculación:

$$R = \frac{v_2}{v_0}; v_1 = v_0 + v_2 = v_o(1 + R)$$

Se hará balance al producto en el mezclador:

$$v_0 \cdot P_0 + v_2 \cdot P' = v_1 \cdot P_1 \rightarrow como\ no\ entra\ producto\ por\ v_0$$

$$\rightarrow P_1 = v_2 \cdot \frac{P'}{v_1} = R \cdot \frac{P'}{1+R} = \frac{1.5}{2.5} \cdot 1.56 \left(\frac{mgP}{L}\right) = 0.94 \left(\frac{mgP}{L}\right)$$

Desde el coeficiente de campo, se puede calcular la concentración de biomasa que entra en el reactor:

$$Y_{p/x} = \frac{P' - P_1}{x' - x_1} \rightarrow x_1 = x' - \frac{(P' - P_1)}{Y_{p/x}} = 24 \left(\frac{gX}{L}\right) - \frac{(1.56 - 0.94)\left(\frac{mgP}{L}\right)}{0.81\left(\frac{mgP}{gX}\right)}$$

$$= 23.23 \left(\frac{gX}{L}\right)$$

Conocida la concentración de biomasa que entra al reactor, realizando de nuevo un balance de materia al mezclador, se calcula la concentración de biomasa que va por la corriente de recirculación (pues la alimentación sigue siendo estéril):

$$v_0 \cdot x_0 + v_2 \cdot x_r = v_1 \cdot x_1 \rightarrow como\ no\ entra\ producto\ por\ v_0$$

$$\rightarrow x_r = v_1 \cdot \frac{x_1}{v_2} = (1+R) \cdot \frac{x_1}{R} = \frac{2.5}{1.5} \cdot 23.23 \left(\frac{gX}{L}\right) = 38.72 \left(\frac{gX}{L}\right)$$

Por la definición de eficiencia del filtro, se puede calcular ya su valor:

$$\beta = \frac{x_r}{x'} = \frac{38.72}{24} = 1.61$$

La eficiencia del filtro es de 1.61.

Apartado E

La mínima concentración a alimentar es la que garantiza sustrato suficiente para la conversión, hasta agotarse, y, por tanto, haciendo S = 0. Con esa premisa, se plantea el balance al mezclador:

$$v_0 \cdot S_0 + v_2 \cdot S = v_1 \cdot S_1 \rightarrow S_0 = \frac{v_1 \cdot S_1 - v_2 \cdot S}{v_0} = (1 + R) \cdot S_1$$

El valor de S_1 se puede calcular desde el coeficiente de campo:

$$Y_{x/s} = \frac{x' - x_1}{S_1 - S} \rightarrow si\ S = 0 \rightarrow S_1 = \frac{x' - x_1}{Y_{x/s}} = \frac{24\left(\frac{gX}{L}\right) - 23.23\left(\frac{gX}{L}\right)}{0.08\left(\frac{gX}{gS}\right)} = 9.63\left(\frac{gS}{L}\right)$$

Por tanto, la concentración necesaria de sustrato a alimentar será:

$$S_0 = (1 + 1.5) \cdot 9.63\left(\frac{gS}{L}\right) = 24.1\left(\frac{g}{L}\right)$$

Con esa concentración, se agotará todo el sustrato en el reactor.

Problema 1.8

Fermentadores en serie para aumentar la producción

Un microorganismo tiene una cinética de crecimiento que sigue el modelo de Monod con los siguientes parámetros cinéticos y estequiométricos: μ_{max} = 0.5 h^{-1}, K_s = 2 g/L, $Y_{x/s}$ = 1 (g/g). Si se utiliza un fermentador de tanque agitado, con alimentación estéril y concentración de sustrato 50 g/L a una velocidad de dilución de 0.402 h^{-1}, ¿cuántos tanques en serie del mismo volumen, trabajando con la misma D, serían necesarios para transformar el 98 % del sustrato?

Al tener un fermentador continuo en estado estacionario, y con cinética de Monod, sabemos que:

$$D = \mu = \mu_{max} \frac{S}{K_s + S}$$

Sabiendo que se desea una conversión del 98 %, con una concentración inicial de sustrato de 50 g/L, la concentración final será de 1 g/L. Podemos aplicar la ecuación anterior, sacando una D ficticia (que llamaremos D'), como si se consiguiese en una única etapa (un solo fermentador):

$$D' = 0.5(h^{-1}) \cdot \frac{1\left(\frac{g}{L}\right)}{2\left(\frac{g}{L}\right) + 1\left(\frac{g}{L}\right)} = 0.166\ (h^{-1})$$

Esa D ficticia, será la contribución de n veces (número de tanques) de la D de operación real (suministrada en el enunciado):

$$D' = D^n \rightarrow 0.166 = 0.402^n \rightarrow n = 1.97$$

Se necesitarán, por tanto, 2 tanques para conseguir la conversión deseada.

Existe otra forma de plantear el problema, consiste en ir realizando balance a cada reactor, hasta observar que la concentración de salida del sustrato cumple con la condición planteada:

Al primer reactor:

Despejando el valor de S para el caso primero, estado estacionario y alimentación estéril:

$$D = \mu_{max} \frac{S}{K_s + S} = 0.5(h^{-1}) \cdot \frac{S}{K_s + S} = 0.402\ (h^{-1}) \rightarrow S = 8.2\ \left(\frac{g}{L}\right)$$

Se puede observar que no se ha conseguido el requisito de 1 g/L. Se plantea ahora el balance al segundo fermentador, pero en este caso, la alimentación ya no será estéril, y, por tanto, hay que calcular la biomasa que sale del primero:

$$Y_{x/s} = \frac{x}{S_0 - S} \rightarrow x = 1\left(\frac{gX}{gS}\right) \cdot (50 - 8.2)\left(\frac{gS}{L}\right) = 41.9\ \left(\frac{gX}{L}\right)$$

Ahora, el balance a la biomasa es:

$$v_0(x - x_1) = \mu \cdot x_1 \cdot V$$

Donde x_1 es la concentración que saldrá del segundo fermentador, y que se puede expresar en función del coeficiente de campo y de las concentraciones de sustrato (siendo S_1 la concentración que sale del segundo reactor). Operando en la ecuación anterior:

$$D \cdot (x - x_1) = \mu_{max} \frac{S_1}{K_s + S_1} \cdot x_1$$

Por la definición del coeficiente de campo:

$$x_1 = x + Y_{x/s} \cdot (S - S_1)$$
$$D \cdot \left(Y_{x/s} \cdot (S - S_1)\right) = \mu_{max} \frac{S_1}{K_s + S_1} \cdot (Y_{x/s} \cdot (S - S_1) + x)$$

Sustituyendo los valores en la ecuación, se calcula el valor de S_1:

$$0.402(h^{-1}) \cdot \left(1\left(\frac{gX}{gS}\right) \cdot \left(8.2\left(\frac{gS}{L}\right) - S_1\right)\right)$$
$$= 0.5(h^{-1}) \frac{S_1}{2\left(\frac{g}{L}\right) + S_1} \cdot \left(1\left(\frac{gX}{gS}\right) \cdot \left(8.2\left(\frac{gS}{L}\right) - S_1\right) + 41.9\left(\frac{gS}{L}\right)\right)$$
$$\rightarrow S_1 = 0.29\left(\frac{g}{L}\right)$$

Como se puede comprobar, el valor obtenido ahora es ligeramente inferior al deseado (1 g/L), y con 2 tanques en serie, se conseguiría algo más del 99 % de la conversión. El resultado encaja con la otra forma de calcularlo, porque estimaba necesarios 1.97 tanques (algo menos de 2).

Problema 1.9

Recirculación y caudales óptimos en la producción de xilitol

Se utiliza *Candida tropicalis* para la producción de xilitol desde xilosa de acuerdo con el trabajo de Mohamad *et al.* (2016). Se trabaja en continuo, en un reactor de 500 litros de volumen, alimentándose una corriente (estéril) de 20 g/L de xilosa; y se quiere obtener la máxima productividad, sabiendo que sigue una cinética de Monod. Calcule:

A. Caudal óptimo para conseguir la máxima productividad.

B. Productividad de xilitol y concentración de sustrato en el reactor.

Se desea ahora aumentar la productividad un 15 % al recircular la biomasa con una tasa de recirculación de 2; manteniendo constante la alimentación al sistema.

C. ¿Cuál debe ser la eficiencia del filtro para conseguirlo si la concentración de células aumenta un 40 % en el reactor? ¿Cuál será la concentración de xilosa en el reactor?

Datos: μ_{max}: 0.12 h^{-1}; K_s: 50 g/L; $Y_{p/s}$: 0.36 g/g; $Y_{x/s}$: 0.12 (g/g).

Apartado A

Para determinar el caudal óptimo, se debe calcular la velocidad de dilución óptima que se calcula como sigue:

$$D_{opt} = \mu_{max}\left[1 - \frac{1}{\sqrt{1 + {S_0}/{k_s}}}\right] = 0.12\ (h^{-1}) \cdot \left[1 - \frac{1}{\sqrt{1 + {20\ \left(\frac{g}{L}\right)}/{50\ \left(\frac{g}{L}\right)}}}\right]$$

$$= 0.019\ (h^{-1})$$

Por la definición de D:

$$D = \frac{v_o}{V} \rightarrow v_{opt} = D_{opt} \cdot V = 0.019(h^{-1}) \cdot 500(L) = 9.3\left(\frac{L}{h}\right)$$

Apartado B

Se calcula primero la concentración de sustrato, desde el balance a la biomasa, donde la velocidad de dilución se iguala a la de crecimiento, y desde ella (cinética de Monod), se despeja la concentración de sustrato:

$$D = \mu_{max}\frac{S}{K_s + S} \rightarrow S = \frac{K_s}{\frac{\mu_{max}}{D} - 1} = \frac{50\ \left(\frac{g}{L}\right)}{\frac{0.12\ (h^{-1})}{0.019(h^{-1})} - 1} = 9.41\ \left(\frac{g}{L}\right)$$

Conocida la concentración de sustrato, se calcula la concentración de producto con el coeficiente de campo (asumiendo que no se alimenta producto):

$$Y_{p/s} = \frac{P - P_0}{S_0 - S} \rightarrow P = (S_0 - S) \cdot Y_{p/s} = (20 - 9.41)\left(\frac{gS}{L}\right) \cdot 0.36\left(\frac{gP}{gS}\right) = 3.81\ \left(\frac{gP}{L}\right)$$

Con la concentración de producto se calcula la productividad del mismo:

$$Prod_{xilitol} = D \cdot P \cdot V = 0.019(h^{-1}) \cdot 3.81\left(\frac{g}{L}\right) \cdot 500(L) = 35.5\left(\frac{g}{h}\right)$$

Apartado C

El sistema planteado es semejante al apartado C del problema 1.3. En primer lugar, se definen las nuevas concentraciones conocidas según el enunciado:

$$P' = 1.15 \cdot P = 1.15 \cdot 3.81\left(\frac{gP}{L}\right) = 4.38\left(\frac{gP}{L}\right)$$

Para definir la nueva concentración de biomasa, hay que calcular la que había en el caso base. Se hace desde el coeficiente de campo (con la alimentación estéril, como indica el enunciado):

$$Y_{x/s} = \frac{x - x_0}{S_0 - S} \rightarrow x = Y_{x/s} \cdot (S_0 - S) = 0.12\left(\frac{gX}{gS}\right) \cdot (20 - 9.41)\left(\frac{gS}{L}\right) = 1.27\left(\frac{gX}{L}\right)$$

Sabiendo que ahora la concentración se incrementa un 40 %:

$$x' = 1.40 \cdot x = 1.40 \cdot 1.27\left(\frac{gX}{L}\right) = 1.78\left(\frac{gX}{L}\right)$$

Igualmente, se definen las corrientes en función de la relación de recirculación:

$$R = \frac{v_2}{v_0}; v_1 = v_0 + v_2 = v_o(1 + R)$$

Se hará balance al producto en el mezclador:

$$v_0 \cdot P_0 + v_2 \cdot P' = v_1 \cdot P_1 \rightarrow como\ no\ entra\ producto\ por\ v_0$$
$$\rightarrow P_1 = v_2 \cdot \frac{P'}{v_1} = R \cdot \frac{P'}{1 + R} = \frac{2}{3} \cdot 4.38\left(\frac{gP}{L}\right) = 2.92\left(\frac{gP}{L}\right)$$

Desde el coeficiente de campo $Y_{p/x}$, se puede calcular la concentración de biomasa que entraría en el reactor (la que sale es x', calculada antes). Para ello, primero hay que calcularlo, como contribución de los dos coeficientes de campo conocidos:

$$Y_{p/x} = \frac{Y_{p/s}}{Y_{x/s}} = \frac{0.36\left(\frac{gP}{gS}\right)}{0.12\left(\frac{gX}{gS}\right)} = 3\left(\frac{gP}{gX}\right)$$

$$Y_{p/x} = \frac{P' - P_1}{x' - x_1} \rightarrow x_1 = x' - \frac{(P' - P_1)}{Y_{\frac{p}{x}}} = 1.78\left(\frac{gX}{L}\right) - \frac{(4.38 - 2.92)\left(\frac{gP}{L}\right)}{3\left(\frac{gP}{gX}\right)}$$

$$= 1.29\left(\frac{gX}{L}\right)$$

Conocida la concentración de biomasa que entra al reactor, realizando de nuevo un balance de materia al mezclador, se calcula la concentración de biomasa que va por la corriente de recirculación (pues la alimentación sigue siendo estéril):

$$v_0 \cdot x_0 + v_2 \cdot x_r = v_1 \cdot x_1 \rightarrow \textit{como no entra producto por } v_0$$

$$\rightarrow x_r = v_1 \cdot \frac{x_1}{v_2} = (1 + R) \cdot \frac{x_1}{R} = \frac{3}{2} \cdot 1.29\left(\frac{gX}{L}\right) = 1.94\left(\frac{gX}{L}\right)$$

Por la definición de eficiencia del filtro, se puede calcular ya su valor:

$$\beta = \frac{x_r}{x'} = \frac{1.94}{1.78} = 1.09$$

La eficiencia del filtro es de 1.09. Se nos pide también la concentración de xilosa en el reactor. Esto se obtiene con el coeficiente de campo y con un balance de materia al mezclador:

Balance al mezclador:

$$v_0 \cdot S_0 + v_2 \cdot S' = v_1 \cdot S_1 \rightarrow S' = \frac{v_1 \cdot S_1 - v_0 \cdot S_0}{v_2} = \frac{(1+R) \cdot S_1 - S_0}{R} = \frac{3 \cdot S_1 - 20}{2}$$

$$= 1.5 \cdot S_1 - 10 \left(\frac{g}{L}\right)$$

Coeficiente de campo:

$$Y_{x/s} = \frac{x' - x_1}{S_1 - S'} \rightarrow S_1 = S' + \frac{x' - x_1}{Y_{x/s}} = S' + \frac{1.78 - 1.29 \left(\frac{gX}{L}\right)}{0.12 \left(\frac{gX}{gS}\right)} = S' + 4.08 \left(\frac{gS}{L}\right)$$

Resolviendo el sistema de dos ecuaciones con dos incógnitas, por sustitución:

$$S' = 1.5 \cdot S_1 - 10 = 1.5 \cdot (S' + 4.08) \left(\frac{g}{L}\right) - 10 \left(\frac{g}{L}\right) \rightarrow S' = 7.75 \left(\frac{g}{L}\right)$$

La concentración de xilosa a la salida del reactor será de 7.75 g/L (la misma que se recirculará).

Capítulo 2

Fermentadores discontinuos

Problema 2.1

Fermentador discontinuo para cinética de Monod y modelo de la caja negra

El β-caroteno es un colorante muy utilizado en la industria alimentaria, cosmética y farmacéutica para realzar el color amarillo-naranja, además de ser un potente antioxidante y anticancerígeno. Hasta hace unos años se producía básicamente por extracción de frutos cítricos, pero su producción era escasa. Actualmente se han desarrollado para su producción una serie de procesos fermentativos usando algas, bacterias y levaduras. Uno de los microorganismos usados es la levadura *Rhodotorula glutinis*, la cual puede crecer en distintas fuentes de carbono como jarabe de glucosa, residuos de cerveceras, etc.

Según el trabajo de Malisorn *et al.* (2009), el crecimiento de este microorganismo usando como fuente de carbono el líquido resultante de la fermentación de los rábanos sigue una cinética tipo Monod. Los parámetros obtenidos por dichos autores para una experiencia en batch con una concentración inicial de s_0 = 30 g/L y x_0 = 30 mg/L fueron:

$\mu_{max}(h^{-1})$	0.20	k_s (g/L)	0.012
$Y_{x/s}$ (g bio/g sus)	0.46	$Y_{p/s}$ (µg prod/g sus)	87

Determinar:

A. El tiempo de fermentación para que la concentración final de sustrato sea 4.98 g /L.

B. Si se dispone de un suministro máximo de alimentación de 50000 L/año del sustrato. Calcular la producción de β-caroteno por año. Si la labor de limpieza, esterilización, carga y descarga y el periodo de latencia dura 5.2 h, ¿cuál va a ser el volumen de fermentador necesario para este proceso si se quiere que trabaje 300 días al año las 24 h?

Apartado A

Como se trata de un fermentador discontinuo, no hay corrientes de entrada y salida, y la reacción se iguala con la acumulación. Para una cinética de crecimiento de Monod, su ecuación de diseño respecto a la biomasa va a ser:

$$\frac{dx}{dt} = \mu \cdot x = \mu_{max} \frac{S}{k_s + S} \cdot x$$

Podemos expresar S en función de la biomasa utilizando el coeficiente de campo ($Y_{x/s}$), de tal forma que se define:

$$S = S_0 - \frac{x - x_0}{Y_{x/s}}$$

Por tanto, al sustituir en la ecuación anterior:

$$\frac{dx}{dt} = \mu_{max} \frac{S_0 - \frac{x - x_0}{Y_{x/s}}}{k_s + S_0 - \frac{x - x_0}{Y_{x/s}}} \cdot x$$

Si ahora se separan variables y se integra entre x/x_0 y t/t_0 (usando, para facilitar, relaciones adimensionales de la biomasa), se obtiene la siguiente ecuación:

$$\mu_{max} \cdot t = \left(1 + \frac{a}{1 + X_0}\right) Ln\left(\frac{X}{X_0}\right) - \left(\frac{a}{1 - X_0}\right) Ln(1 + X_0 - X)$$

Donde se define:

$$a = \frac{k_s}{s_0}; X_0 = \frac{x_0}{Y_{x/s} \cdot S_0}; X = \frac{x}{Y_{x/s} \cdot S_0}$$

Con el fin de ver si en la anterior ecuación se puede despreciar algún término se van a determinar los siguientes números adimensionales:

$$a = \frac{k_s}{s_0} = \frac{0.012\left(\frac{gS}{L}\right)}{30\left(\frac{gS}{L}\right)} = 4 \cdot 10^{-4};\ X_0 = \frac{x_0}{Y_{x/s} \cdot S_0} = \frac{0.03\left(\frac{gX}{L}\right)}{0.46\left(\frac{gX}{gS}\right) \cdot 30\left(\frac{gS}{L}\right)} = 2.17 \cdot 10^{-3}$$

Como se puede observar, ambos parámetros son despreciables, con lo cual la ecuación de diseño de este fermentador discontinuo queda reducida a:

$$\mu_{max} \cdot t = Ln\left(\frac{X}{X_0}\right) = Ln\left(\frac{x}{x_0}\right)$$

Por tanto, el tiempo de fermentación dependerá solamente de la concentración de biomasa a alcanzar, que se calcula desde el coeficiente de campo:

$$Y_{x/s} = \frac{x - x_0}{S_0 - S} = \frac{x - 0.03\left(\frac{gX}{L}\right)}{30\left(\frac{gS}{L}\right) - 4.98\left(\frac{gS}{L}\right)} = 0.46\left(\frac{gX}{gS}\right); x = 11.54\left(\frac{g}{L}\right)$$

Y sustituyendo arriba nos queda que el tiempo de fermentación requerido para el proceso es:

$$\mu_{max} \cdot t = Ln\left(\frac{x}{x_0}\right) = Ln\left(\frac{11.54\left(\frac{g}{L}\right)}{0.03\left(\frac{g}{L}\right)}\right) \rightarrow t = 29.75\ (h)$$

El tiempo de fase de crecimiento exponencial será de casi 30 horas.

Apartado B

Se nos está indicando que se tarda 5.2 horas en los procesos de carga, descarga y esterilización del fermentador, por lo tanto, el proceso global de fermentación durará 35 h. Con ese valor, se calcula el número de fermentaciones que se pueden realizar en un año:

$$N^{\underline{o}}\, fermentaciones = \frac{300\left(\frac{dias}{año}\right)\cdot 24\left(\frac{h}{día}\right)}{(29.75+5.2)h\,/fermentador} = 206\, fermentaciones$$

Si se desea tratar 50 m³ de caldo al año, se repartirá equitativamente entre cada uno de los lotes, y desde ahí se calcula el volumen de cada lote o fermentador:

$$V = \frac{50000\, L}{206} = 242.7\, L$$

Se puede ver que el tamaño de los fermentadores requeridos no es muy grande.

Finalmente, se calcula la producción anual de β-caroteno que se logra, teniendo en cuenta la concentración al final de cada ciclo, calculada desde el coeficiente de campo:

$$Y_{p/s} = \frac{P-P_0}{S_0-S} \rightarrow si\; P_0 = 0 \rightarrow P = Y_{p/s}\cdot(S_0-S) = 87\left(\frac{\mu gP}{gS}\right)\cdot(30-4.98)\left(\frac{gS}{L}\right)$$
$$= 2177\left(\frac{\mu gP}{L}\right)$$

Conociendo el volumen del fermentador y el número de ciclos anuales, se calcula la producción:

$$\Pr(P) = 2177\left(\frac{\mu gP}{L}\right)\cdot 242.7(L/ferm)\cdot 206\left(\frac{ferm}{año}\right) = 108\cdot 10^6\left(\frac{\mu gP}{año}\right)$$
$$= 108\left(\frac{gP}{año}\right)$$

La producción anual es de 108 gramos de β-caroteno.

Problema 2.2

Fermentador discontinuo con ajuste estequiométrico (modelo de la caja negra) y cinética de Monod

El 2-3 butanodiol ($C_4H_{10}O_2$) es un compuesto que está adquiriendo mucha importancia en los últimos años, ya que se encuentra dentro de los denominados «compuestos verdes». Para ser considerado «verde» se debe producir mediante fermentación usando distintos microorganismos como *Klebsiella pneumoniae.* Esta fermentación se puede realizar tanto en condiciones anaerobias como aerobias usando distintas fuentes de carbono y de nitrógeno. En este problema se supondrá que la fuente de carbono es glucosa, y la de nitrógeno, amoniaco.

En condiciones anaerobias, la ecuación estequiométrica que describe el proceso es:

$$-CH_2O - \alpha_N NH_3 + \gamma CH_{1.8}O_{0.5}N_{0.2} + \beta_p CH_{2.5}O_{0.5} + \beta_{p2} CH_a O_b + \beta_{CO2} CO_2 + \beta_w H_2O = 0$$

donde CH_aO_b representa un producto metabólico que se está obteniendo durante la fermentación. Por otra parte, los coeficientes de campo experimentales obtenidos para esta fermentación son $Y_{p/s}$= 0.30 g producto/g sustrato; $Y_{x/s}$ = 0.03 g biomasa/g sustrato e $Y_{p2/x}$ = 7,5 C-mol P_2/C-mol biomasa.

Sin embargo, en condiciones aerobias la ecuación estequiométrica que describe el proceso es:

$$-CH_2O - \alpha_N NH_3 - \alpha_O O_2 + \gamma CH_{1.8}O_{0.5}N_{0.2} + \beta_p CH_{2.5}O_{0.5} + \beta_{p2} CH_a O_b + \beta_{CO2} CO_2 + \beta_w H_2O = 0$$

En este caso, los coeficientes de rendimiento experimentales son $Y_{p/s}$= 0.2 g producto/g sustrato; $Y_{x/s}$ = 0.08 g biomasa/g sustrato; $Y_{p2/x}$ = 1,13 C-mol P_2 /C-mol biomasa y RQ = 1.25.

A. Ajustar la estequiometría de los dos procesos. ¿Cuál o cuáles son los compuestos que se están generando?

B. Si los parámetros cinéticos son μ_{max} = 0,14 h^{-1}; k_s = 0.07 g/L para condiciones anaerobias y μ_{max}= 0,17 h^{-1} y k_s = 0.056 g/L para aerobias. Partiendo de una concentración de sustrato de 90 g/L y de inóculo de 0.05 g/L y se quiere consumir todo el sustrato, ¿cuáles son los tiempos de fermentación para ambos procesos?

C. ¿En qué condiciones aerobias o anaerobias se producirá más 2-3 butanodiol? Justificarlo numéricamente. Supónganse que el proceso de lavado, carga y descarga y periodo de latencia es 6 horas para ambos casos.

Apartado A

Para el **proceso anaerobio**:

Analizando los coeficientes de rendimiento que nos están indicando se obtienen los siguientes coeficientes estequiométricos:

$$Y_{x/s} = 0.03\frac{g\ biomasa}{g\ sustrato} = 0.03\frac{g\ biomasa}{g\ sustrato}\cdot\frac{30\dfrac{g\ sustrato}{Cmol\ sustrato}}{24.6\ \dfrac{g\ biomasa}{Cmol\ biomasa}}$$

$$= 0.0366\frac{Cmol\ biomasa}{Cmol\ sustrato} = \gamma$$

$$Y_{p/s} = 0.30\frac{g\ producto}{g\ sustrato} = 0.30\frac{g\ producto}{g\ sustrato}\cdot\frac{30\dfrac{g\ sustrato}{Cmol\ sustrato}}{22.5\ \dfrac{g\ producto}{Cmol\ biomasa}}$$

$$= 0.40\frac{Cmol\ producto}{Cmol\ sustrato} = \beta_p$$

$$Y_{P2/x} = \frac{\beta_{P2}}{\gamma} = 7.5\ \frac{Cmol\ P2}{Cmol\ biomasa};\ \beta_{p2} = 0.274\ \frac{Cmol\ P2}{Cmol\ sustrato}$$

Conocidos esos coeficientes, se sacan los restantes por balance a los átomos y a los grados de reducción:

$$Balance\ al\ C;\ -1 + \gamma + \ \beta_p + \ \beta_{p2} + \beta_{CO2} = 0\ ;\ \beta_{CO2} = 0.289\ \frac{mol\ CO_2}{Cmol\ sustrato}$$

$$Balance\ al\ N;\ -\alpha_N + 0.2\ \gamma = 0\ ;\ \alpha_N = 7.32\cdot 10^{\ -3}\frac{mol\ NH_3}{Cmol\ sustrato}$$

$$Grados\ reducción;\ -4 + \ 4.2\gamma + \ 5.5\beta_p + \ k_{p2}\beta_{p2} = 0\ ;\ k_{p2} = 6$$

Así, pues, la ecuación que describe este proceso será (el agua no se ha ajustado, ya que normalmente no se realiza ningún balance con ella):

$$-CH_2O - 7.32\cdot 10^{-3}NH_3 + 0.037CH_{1.8}O_{0.5}N_{0.2} + 0.4CH_{2.5}O_{0.5} + 0.274CH_aO_b + 0.289CO_2 + \beta_w H_2O = 0$$

Sin embargo, determinar cuál es el compuesto P_2 es difícil, ya que todos los alcoholes primarios tienen ese grado de reducción (6).

Para el **proceso aerobio**:

$$Y_{x/s} = 0.08\frac{g\ biomasa}{g\ sustrato} = 0.08\frac{g\ biomasa}{g\ sustrato}\cdot\frac{30\dfrac{g\ sustrato}{Cmol\ sustrato}}{24.6\dfrac{g\ biomasa}{Cmol\ biomasa}}$$
$$= 0.098\frac{Cmol\ biomasa}{Cmol\ sustrato} = \gamma$$

$$Y_{p/s} = 0.2\frac{g\ producto}{g\ sustrato} = 0.2\frac{g\ producto}{g\ sustrato}\cdot\frac{30\dfrac{g\ substrato}{Cmol\ substrato}}{22.5\dfrac{g\ producto}{Cmol\ biomasa}}$$
$$Y_{P2/x} = \frac{\beta_{P2}}{\gamma} = 1.13\ \frac{Cmol\ P2}{Cmol\ biomasa};\ \beta_{p2} = 0.110\ \frac{Cmol\ P2}{Cmol\ sustrato}$$
$$RQ = 1.25\frac{mol\ CO_2}{mol\ O_2} = \frac{\beta_{CO2}}{\alpha_0}$$

Realizando ahora los balances elementales al carbono, al nitrógeno y a los grados de reducción se obtiene:

$$Balance\ al\ C;\ -1 + \gamma + \beta_p + \beta_{p2} + \beta_{CO2} = 0\ ;\ \beta_{CO2} = 0.536\frac{mol\ CO_2}{Cmol\ sustrato}$$

Por el RQ $\rightarrow$ $\alpha_O = 0.420\ \frac{mol\ O_2}{Cmol\ sustrato}$

$$Balance\ al\ N;\ -\alpha_N + 0.2\,\gamma = 0\ ;\ \alpha_N = 1.96\cdot 10^{-2}\ \frac{mol\ NH_3}{Cmol\ sustrato}$$

$$Grados\ reducción;\ -4 + 4\alpha_O + 4.2\gamma + 5.5\beta_p + k_{p2}\beta_{p2} = 0\ ;\ k_{p2} = 4$$

Así, pues, la ecuación que describe este proceso será (el agua no se ha ajustado, ya que normalmente no se realiza ningún balance con ella):

$$-CH_2O - 1.96\cdot 10^{-2}\ NH_3 - 0.420\ O_2 + 0.098\ CH_{1.8}O_{0.5}N_{0.2} + 0.267\ CH_{2.5}O_{0.5}$$
$$+ 0.110\ CH_aO_b + 0.536\ CO_2 + \beta_w H_2O = 0$$

Se puede ver que, en este caso, la producción de producto decrece, aumenta la producción de biomasa y la de CO_2. Por otra parte, el grado de reducción del compuesto obtenido es 4 lo que significa que probablemente se trate de un ácido.

En la tabla siguiente se hace un resumen de los coeficientes estequiométricos para ambos tipos de procesos:

Coeficiente	Aerobio	Anaerobio
α_N	0.0196	0.0073
α_0	0.420	No procede
γ	0.098	0.0366
β_p	0.267	0.400
β_{p2}	0.110	0.274
β_{CO2}	0.536	0.289

Apartado B

En este caso, se tiene un fermentador discontinuo con una cinética tipo Monod, por lo tanto, el balance de materia a la biomasa va a quedar igualando la reacción a la acumulación:

$$V \cdot \frac{dx}{dt} = \mu \cdot x \cdot V = \mu_{max} \frac{S}{k_s + S} \cdot x \cdot V$$

Tras considerar los correspondientes coeficientes de campo y operando (como se demostró en el problema 2.1) nos queda que la ecuación de diseño integrada será:

$$\mu_{max} \cdot t = \left(1 + \frac{a}{1 + X_0}\right) Ln\left(\frac{X}{X_0}\right) - \left(\frac{a}{1 - X_0}\right) Ln(1 + X_0 - X)$$

Para valorar si se puede simplificar la ecuación de diseño, debe calcularse el valor de a, y si resultase muy bajo, se procedería a su simplificación. Calculado para ambas situaciones:

$$\boldsymbol{Anaerobio}; a = \frac{k_s}{s_0} = \frac{0.07\ g/L}{90\ g/L} = 7.78 \cdot 10^{-4}$$

$$\boldsymbol{Aerobio}; a = \frac{k_s}{s_0} = \frac{0.056\ g/L}{90\ g/L} = 6.22 \cdot 10^{-4}$$

Luego vemos que para ambas fermentaciones a es despreciable con lo cual la ecuación de diseño nos queda reducida a:

$$\boldsymbol{Anaerobio}; \mu_{max} \cdot t = Ln\left(\frac{x}{x_0}\right) = Ln\left(\frac{Y_{x/s} \cdot S_0 + x_0}{x_0}\right)$$

$$\boldsymbol{Aerobio}; \mu_{max} \cdot t = Ln\left(\frac{x}{x_0}\right) = Ln\left(\frac{Y_{x/s} \cdot S_0 + x_0}{x_0}\right)$$

Despejando el tiempo para ambos tipos de cultivo:

$$\boldsymbol{Anaerobio}; t = \frac{1}{\mu_{max}} \cdot Ln\left(\frac{Y_{x/s} \cdot S_0 + x_0}{x_0}\right)$$

$$= \frac{1}{0.14\,(h^{-1})} \cdot \ln\left(\frac{0.03 \cdot 90 + 0.05}{0.05}\right) = 28.62\ h$$

$$\boldsymbol{Aerobio}; t = \frac{1}{\mu_{max}} \cdot Ln\left(\frac{Y_{x/s} \cdot S_0 + x_0}{x_0}\right)$$

$$= \frac{1}{0.17\,(h^{-1})} \cdot \ln\left(\frac{0.08 \cdot 90 + 0.05}{0.05}\right) = 29.27\ h$$

Se puede ver que el tiempo de fermentación para ambos procesos es prácticamente el mismo, así que con estos resultados no se podría valorar cuál es mejor procedimiento.

Apartado C

Para ver cuál de los procedimientos es más rentable se va a determinar la producción por unidad de volumen de fermentador para ambas fermentaciones, obteniendo:

$$\boldsymbol{Anaerobio}; Prod_{23BD} = \frac{Y_{p/s}(S_0 - S)}{t + t_{op}} = \frac{0.3\left(\frac{gP}{gS}\right) \cdot 90\left(\frac{gS}{L}\right)}{(28.6 + 6)(h)} = 0.780\left(\frac{gP}{L \cdot h}\right)$$

$$\boldsymbol{Aerobio}; Prod_{23BD} = \frac{Y_{p/s}(S_0 - S)}{t + t_{op}} = \frac{0.2\left(\frac{gP}{gS}\right) \cdot 90\left(\frac{gS}{L}\right)}{(29.3 + 6)(h)} = 0.510\left(\frac{gP}{L \cdot h}\right)$$

Atendiendo a los datos obtenidos se tiene que es más rentable la utilización del procedimiento anaerobio.

Problema 2.3

Fermentador discontinuo con diferentes combinaciones de modelos y con muerte celular

Con este problema se va a estudiar la influencia que tienen distintos modelos sobre el diseño de un fermentador discontinuo. Para un fermentador discontinuo de volumen V, determinar la máxima concentración de biomasa obtenida y el tiempo de fermentación siendo $S_0 = 50$ g/L y $x_0 = 0.1$ g/L para las siguientes situaciones.

A. Modelo de Monod siendo $\mu_{max} = 0.2\ h^{-1}$ y $K_s = 1$ g/L con el modelo de la caja negra ($Y_{x/s} = 0.23$ g biomasa /g sustrato).

B. Modelo de Monod siendo $\mu_{max} = 0.2\ h^{-1}$ y $K_s = 1$ g/L con el modelo de mantenimiento (ecuación de Pirt) donde $\alpha = (1/0.23)$ g sus/g bio y $m_s = 0.1$ g sus/g bio h.

C. Modelo de Monod con muerte celular siendo $\mu_{max} = 0.2\ h^{-1}$, $k_s = 1$ g/L y $K_d = 0.06\ h^{-1}$ con el modelo de la caja negra ($Y_{x/s}$ = 0.23 g bio /g sus)

Apartado A

En todos los casos la mayor concentración de biomasa se va a lograr cuando se consume todo el sustrato, es decir, cuando S = 0. Como se trata de un fermentador discontinuo, el balance de materia a la biomasa va a venir dado por:

$$V \cdot \frac{dx}{dt} = \mu \cdot x \cdot V = \mu_{max} \frac{S}{k_s + S} \cdot x \cdot V$$

Como en este apartado se está considerando el modelo de la caja negra se tiene que:

$$S = S_0 - Y_{s/x}(x - x_0)$$

$$\frac{dx}{dt} = \mu_{max} \frac{S_0 - Y_{s/x}(x - x_0)}{k_s + S_0 - Y_{s/x}(x - x_0)} \cdot x$$

Ahora separando variables e integrando nos queda la siguiente expresión:

$$\mu_{max} \cdot t = \left(1 + \frac{a}{1 + X_0}\right) Ln\left(\frac{X}{X_0}\right) - \frac{a}{1 + X_0} Ln(1 + X_0 - X)$$

donde

$$a = \frac{k_s}{S_0} = \frac{1 g/L}{50\ g/L} = 0.02; X_0 = \frac{x_0}{Y_{x/s} S_0} = \frac{0.1\ g/L}{(0.23\ x\ 50) g/L} = 8.70 \cdot 10^{-3}$$

Analizando los valores de los anteriores parámetros se ve que la concentración de X_0 se puede despreciar sin cometer mucho error, sin embargo, el parámetro «a» no. En este caso, se debe de realizar además la siguiente suposición; dado que se va a consumir todo el sustrato, el segundo término de la ecuación debe ser eliminado, ya que si no se obtendría un error matemático. Por tanto, en estas condiciones la ecuación a utilizar va a ser:

$$\mu_{max} \cdot t = (1 + a) \cdot Ln\left(\frac{X}{X_0}\right)$$

Por otra parte, teniendo en cuenta el coeficiente de rendimiento correspondiente y que se gasta todo el sustrato, nos queda que la concentración de biomasa al final del proceso es:

$$S_0 = Y_{s/x}(x - x_0) \rightarrow x = 11.6\left(\frac{g}{L}\right); X = \frac{x}{Y_{x/s}s_0} = \frac{11.6\ g/L}{(0.23 \cdot 50)g/L} = 1.0087$$

Finalmente, sustituyendo estos valores en la ecuación de diseño se obtiene un tiempo de fermentación de **24.24 horas.**

$$t = \frac{(1+a)}{\mu_{max}} \cdot Ln\left(\frac{X}{X_0}\right) = \frac{1.02}{0.2\ (h^{-1})} \ln\left(\frac{1.0087}{8.7 \cdot 10^{-3}}\right) = 24.24\ (h)$$

Si no se elimina X_0 se obtiene un tiempo de 24.23 horas, lo que ratifica que la influencia de la concentración inicial de biomasa es pequeña en este caso.

Apartado B

El balance de materia a la biomasa va a ser el mismo que en el apartado anterior, ya que la velocidad de crecimiento de la biomasa no se ve influida por el modelo estequiométrico empleado, es decir:

$$\frac{dx}{dt} = \mu \cdot x = \mu_{max} \frac{S}{k_s + S} x$$

Sin embargo, ya no se puede suponer una relación lineal, con el coeficiente de campo, entre la biomasa y el sustrato. Hay que resolver, por tanto, la ecuación diferencial. Para simplificar, se va a considerar que en todo momento se trabaja a la velocidad máxima de crecimiento (μ_{max}). En estas condiciones, la anterior ecuación diferencial queda reducida a:

$$\frac{dx}{dt} = \mu\, x = \mu_{max} \cdot x \rightarrow x = x_0 \cdot exp(\mu_{max} \cdot t)$$

Considerando ahora la ecuación de mantenimiento de Pirt se tiene

$$\frac{dS}{dt} = -(\alpha\mu + m_s) \cdot x = -\left(\alpha \cdot \mu_{max} \frac{S}{k_s + S} + m_s\right) x$$

Al igual que ocurría en el caso anterior, esta ecuación diferencial se debe resolver numéricamente. Pero haciendo la misma suposición que en el apartado anterior, es decir, suponiendo que siempre estamos trabajando a la velocidad máxima, la ecuación es fácilmente integrable obteniendo:

$$\frac{ds}{dt} = -(\alpha\mu_{max} + m_s) \cdot x = -(\alpha\mu_{max} + m_s) \cdot x_0 \cdot exp(\mu_{max} \cdot t)$$

Separando variables:

$$S_0 - S = \frac{(\alpha\mu_{max} + m_s)x_0}{\mu_{max}}[exp(\mu_{max} \cdot t) - 1]$$

Sustituyendo con los valores conocidos, y despejando el tiempo:

$$(50 - 0)\left(\frac{gS}{L}\right) = \frac{\left(\left(\frac{1}{0.23}\right)\left(\frac{gS}{gX}\right)0.2(h^{-1}) + 0.1\left(\frac{gS}{gX \cdot h}\right)\right) \cdot 0.1\left(\frac{gX}{L}\right)}{0.2\ (h^{-1})}[exp(0.2(h^{-1}) \cdot t) - 1] \rightarrow \boldsymbol{t} = \mathbf{23.2}\ \boldsymbol{h}$$

Conocido el tiempo de la fermentación, se puede calcular la biomasa obtenida al final de la misma.

$$x = x_0 \cdot exp(\mu_{max} t) = 0.1\left(\frac{gX}{L}\right) \cdot \exp\left(0.2(h^{-1}) \cdot 23.3(h)\right) = 10.41\left(\frac{gX}{L}\right)$$

Analizando los anteriores resultados se ve que el tiempo de fermentación se reduce 1 hora lo cual no es muy significativo (error del 4 %), sin embargo, la concentración de biomasa obtenida decrece un 13.9 %. Estos resultados son lógicos, ya que un porcentaje del sustrato se usa para el mantenimiento celular y eso no está considerado en el modelo de la caja negra.

Sino se hubiera realizado la simplificación anterior habría que resolver numéricamente el siguiente sistema de dos ecuaciones diferenciales:

$$\frac{dx}{dt} = \mu\, x = \mu_{max} \frac{s}{k_s + S} x$$

$$\frac{ds}{dt} = -(\alpha\mu + m_s)x = -\left(\alpha\mu_{max} \frac{S}{k_s + S} + m_s\right)x$$

Al resolver ese sistema de ecuaciones diferenciales, se obtiene un tiempo de fermentación de **t = 24.1 h**, y una concentración final de biomasa de **x = 10.18 g/L**. Como es lógico, no es posible trabajar durante todo el ciclo a la velocidad máxima y eso se traduce en que crece un poco el tiempo de fermentación y decrece la concentración de biomasa obtenida. Sin embargo, el error cometido en este caso es del -3.6 % en el tiempo y un 2.32 % en la biomasa, con cual es bastante lógico hacer la suposición hecha.

En la figura siguiente se muestra cómo el coeficiente de mantenimiento influye en el tiempo final de la fermentación. Se han simulado ambas ecuaciones diferenciales para diferentes valores de m_s desde 0 (modelo de la caja negra) hasta 0.5 (g sus/g bio h).

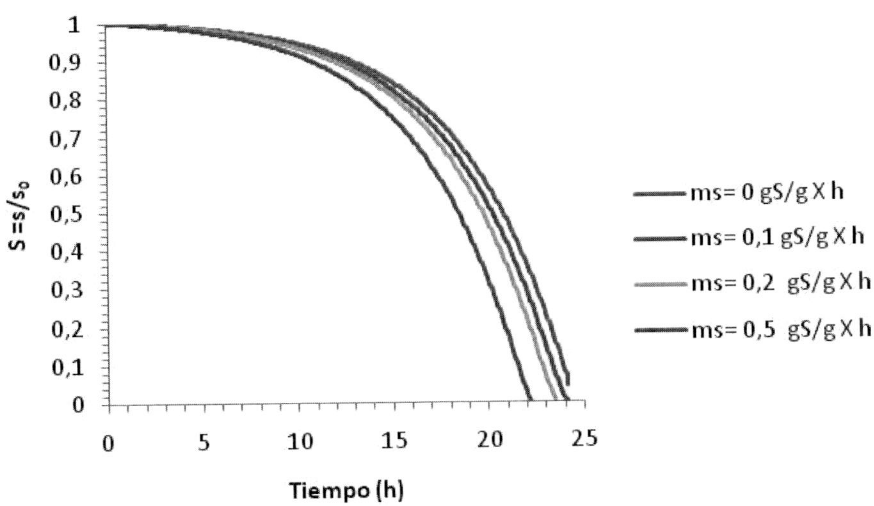

Apartado C

Al considerar un modelo de muerte celular, se modifica la ecuación de la velocidad de crecimiento de la biomasa, incorporando un término donde se considera la constante de muerte (K_d):

$$q_x = \mu_{max} \frac{S}{K_s + S} \cdot x - K_d \cdot x$$

Al igual que en los apartados anteriores se tiene que el balance de materia a la biomasa para nuestro fermentador discontinuo igualará la acumulación a la reacción, es decir:

$$\frac{dx}{dt} = \mu \cdot x = \mu_{max} \frac{S}{k_s + S} \cdot x - K_d \cdot x$$

Teniendo ahora la definición de coeficiente de rendimiento o de campo, nos queda la siguiente ecuación:

$$\frac{dx}{dt} = \mu_{max} \frac{S_0 - Y_{s/x}(x - x_0)}{k_s + S_0 - Y_{s/x}(x - x_0)} \cdot x - K_d \cdot x$$

Definiendo ahora los siguientes números adimensionales (como en apartados anteriores)

$$X = \frac{x}{Y_{x/s} \cdot S_0}; X_0 = \frac{x_0}{Y_{x/s} \cdot S_0}\ ; a = \frac{k_s}{S_0}$$

Se puede transformar la ecuación diferencial anterior:

$$\frac{dX}{dt} = \mu_{max} \frac{1 - (X - X_0)}{a + 1 - (X - X_0)} \cdot X - K_d \cdot X = \frac{(\mu_{max} - K_d)(1 - X + X_0) - K_d a}{a + (1 - X + X_0)} X$$

Y ahora separando variables e integrando nos queda lo siguiente:

$$t = \int_{X_0}^{X} \frac{a + (1 - X + X_0)}{X[(\mu_{max} - K_d)(1 - X + X_0) - K_d a]} dX$$

$$= \frac{1 + X_0 + a}{(\mu_{max} - K_d)(1 + X_0) - K_d a} Ln\left(\frac{X}{X_0}\right)$$

$$- \frac{\mu_{max} a}{[(1 + X_0)(1 - K_d) - K_d a](\mu_{max} - K_d)} Ln\left[\frac{(1 + X_0)(\mu_{max} - K_d) - K_d a - (\mu_{max} - K_d)X}{1 - K_d a}\right]$$

Una forma de comprobar que la integral está bien realizada es que si K_d = 0 entonces nos queda la ecuación descrita en el apartado a).

Llegado a este punto, se va a analizar, tal y como se hizo en el apartado A, si alguno de los números adimensionales se puede despreciar. Los valores obtenidos son:

$$\boldsymbol{a = \frac{k_s}{s_0} = \frac{1 g/L}{50\, g/L} = 0.02;\; X_0 = \frac{x_0}{Y_{x/s} s_0} = \frac{0.1\, g/L}{(0.23 \cdot 50) g/L} = 8.70 \cdot 10^{-3}}$$

Luego vemos que X_0 si es despreciable mientras que «a» no lo es. En estas condiciones la anterior ecuación queda reducida a:

$$t = \frac{1 + a}{(\mu_{max} - K_d) - K_d a} Ln\left(\frac{X}{X_0}\right)$$

$$- \frac{\mu_{max} a}{[(1 - K_d) - K_d a](\mu_{max} - K_d)} Ln\left[\frac{(\mu_{max} - K_d) - K_d a - (\mu_{max} - K_d)X}{1 - K_d a}\right]$$

Pero como se tiene el mismo coeficiente que en el apartado a) y la misma concentración de sustrato se tiene que la concentración de biomasa al final será:

$$\boldsymbol{s_0 = Y_{s/x}(x - x_0);\, x = 11.6\left(\frac{g}{L}\right);\, X = \frac{X}{Y_{x/s} s_0} = \frac{11.6\, g/L}{(0.23 \cdot 50) g/L} = 1.00870}$$

Si se sustituye por completo en la ecuación de diseño, se observa Que el segundo término es negativo y no se puede determinar su logaritmo. Esto, como se comentó anteriormente, es debido a la desaparición completa del sustrato. Pero si eliminamos el segundo término, nos queda que el tiempo de fermentación es **t = 34.93 h.**

Vemos que, lógicamente, cuando se está considerando la muerte celular el tiempo que se tarda en alcanzar la misma población es mayor.

Problema 2.4

Fermentador discontinuo con cinética de inhibición por producto y modelo de la caja negra

En una empresa vitivinícola se usa un fermentador discontinuo para la producción de vino. La corriente de alimentación está constituida por un mosto de concentración 250 g azúcares /L. Si la biomasa inicial es x_o = 40 mg /L. Determinar:

A. El tiempo de fermentación para alcanzar un grado alcohólico de 10.5°. ¿Cuál es la concentración residual de azucares en ese punto?

B. Si se deja que la fermentación alcance su punto límite ¿cuál va a ser la concentración de glucosa residual, el grado alcohólico logrado y el tiempo de fermentación requerido?

Datos: k_s = 0.183 g/L, μ_{max} = 0.385 h^{-1}, P_{max} = 87.9 g/L, $Y_{s/x}$ = 10.3 g sustrato/g biomasa, $Y_{p/x}$ = 4.3 g etanol/g biomasa, ρ_{etanol} = 785 g/L

Apartado A

Dado que se está trabajando con un fermentador discontinuo, realizando el correspondiente balance de materia a la biomasa se obtiene la siguiente ecuación diferencial:

$$V \cdot \frac{dx}{dt} = V \cdot \mu \cdot x = V \cdot \mu_{max} \frac{S}{k_s + S} \left(1 - \frac{p}{P_{max}}\right) \cdot x$$

La resolución de esta ecuación diferencial es bastante complicada, ya que se tienen tres variables dependientes (s, p, x). Así, pues, para su resolución lo primero que se debe de realizar es poner las concentraciones de producto y sustrato en función de la concentración de biomasa. En este caso, como se está usando el modelo de la caja negra se tiene:

$$Y_{x/s} = \frac{x - x_0}{S_0 - S}; S = S_0 - Y_{s/x}(x - x_0)$$

$$Y_{x/p} = \frac{x - x_0}{p - p_0}; p = p_0 + Y_{p/x}(x - x_0)$$

Sustituyendo estas expresiones en la ecuación diferencial, separando variables e integrando se obtiene la siguiente ecuación:

$$\mu_{max} \cdot t = (P_0 + P_{max} - X_0) \left[\frac{1 + X_0 + a}{P_{max}(1 + X_0)} Ln\left(\frac{X}{X_0}\right) - \frac{a}{(1 + X_0)(P_{max} - 1 - X_0)} Ln(1 + X_0 - X) - \frac{P_{max} - 1 - a - X_0}{P_{max}(P_{max} - 1 - X_0)} Ln\left(\frac{P_{max} - X}{P_{max} - X_0}\right)\right]$$

donde los números adimensionales utilizados están definidos como:

$$P_{max} = \frac{p_{max} - p_0}{Y_{p/s} \cdot S_0} + X_0;\ X_0 = \frac{x_0}{Y_{x/s} S_0};X = \frac{x}{Y_{x/s} S_0};a = \frac{k_s}{s_0}$$

Como se puede observar, la ecuación integrada para este modelo de inhibición por producto es grande, y dependiendo de las condiciones nos puede dar errores matemáticos, por lo tanto, va a ser primordial saber aquellos términos que se pueden despreciar. Los primeros números adimensionales a considerar son:

$$X_0 = \frac{x_0}{Y_{x/s} \cdot S_0} = \frac{0.04 \left(\frac{g}{L}\right)}{\frac{250}{10.3} \left(\frac{g}{L}\right)} = 1.65 \cdot 10^{-3}\,;\, a = \frac{k_s}{S_0} = \frac{0.183 \left(\frac{g}{L}\right)}{250 \left(\frac{g}{L}\right)} = 7.32 \cdot 10^{-4}$$

Dado que el valor de ambos parámetros es muy pequeño, se pueden despreciar sin cometer mucho error. En estas condiciones, la ecuación superior queda reducida a (suponiendo además que $p_0 = 0$):

$$\mu_{max} t = (P_{max}) \left[\frac{1}{P_{max}} Ln\left(\frac{X}{X_0}\right) - \frac{1}{P_{max}} Ln\left(\frac{P_{max} - X}{P_{max}}\right)\right] = Ln\left(\frac{X \cdot P_{max}}{X_0 (P_{max} - X)}\right)$$

Seguidamente se va a determinar el valor de P_{max} que es:

$$P_{max} = \frac{p_{max} - p_0}{Y_{p/s} \cdot S_0} + X_0 = \frac{87.9 \left(\frac{g}{L}\right)}{\frac{4.3 \cdot 250}{10.3} \left(\frac{g}{L}\right)} + 1.65 \cdot 10^{-3} = 0.843$$

Finalmente, como nos están pidiendo el tiempo de fermentación la única variable que nos queda calcular es X, que se determinará a partir de la concentración de producto final.

$$p = 10.5^{\underline{o}} = 105 \left(\frac{mL\ eta}{L}\right) \cdot \frac{0.785\ g\ eta}{1\ mL\ eta} = 82.425 \left(\frac{g}{L}\right)$$

$$Y_{p/x} = 4.3\ \frac{g\ Eta}{g\ Bio} = \frac{p - p_0}{x - x_0} = \frac{82.425 \left(\frac{g}{L}\right)}{x - 0.04 \left(\frac{g}{L}\right)} \rightarrow x = 19.179 \left(\frac{g}{L}\right) \rightarrow X = \frac{x}{Y_{x/s} \cdot S_0}$$

$$= \frac{19.18}{\frac{1}{10.3} \cdot 250} = 0.79$$

Analizando los anteriores resultados se observa que la concentración de producto final no alcanza el valor máximo, lo que nos indica que es posible realizar esta fermentación. En el caso de que el valor obtenido para la concentración de p fuera mayor que p_{max} nos indicaría que dicha fermentación no va a ser posible.

Sustituyendo en la ecuación de diseño, con las suposiciones realizadas arriba, nos queda que el tiempo de fermentación requerido es:

$$0.385\ (h^{-1}) \cdot t = Ln\left(\frac{0.7902 \cdot 0.843}{1.65 \cdot 10^{-3} \cdot (0.843 - 0.7902)}\right) \rightarrow t = 23.18\ (h)$$

Por último, la concentración de azúcar residual que va a quedar tras la fermentación es

$$Y_{s/x} = 10.3\ \left(\frac{gS}{gX}\right) = \frac{S_0 - S}{x - x_0} = \frac{(250 - S)\ \left(\frac{gS}{L}\right)}{19.179 - 0.04\ \left(\frac{gX}{L}\right)} \rightarrow S = 52.87\left(\frac{g}{L}\right)$$

Como se puede observar el tiempo de fermentación no es muy elevado, pero aun al final de la fermentación queda mucho azúcar residual lo que nos indica que se podía apurar un poco más esta fermentación como se valorará en el apartado siguiente.

Apartado B

A diferencia de lo que sucede con una fermentación con cinética de Monod, donde la fermentación siempre finaliza por el consumo total del sustrato, en una fermentación con inhibición por producto, sustrato o biomasa, el proceso fermentativo puede acabar porque se acabe el sustrato o bien porque se alcance la concentración máxima de producto, sustrato o biomasa. Para ver, en este caso, por qué se para la fermentación, únicamente se debe determinar la concentración de sustrato necesario para lograr la concentración máxima de producto (hacer que $p = p_{max}$).

Usando los correspondientes coeficientes de rendimiento:

$$Y_{p/s} = \frac{4.3}{10.3}\left(\frac{gP}{gS}\right) = \frac{p - p_0}{S_0 - S} = \frac{87.9\ \left(\frac{g}{L}\right)}{S_0 - S}\ ; S_0 - S = 210.55\left(\frac{g}{L}\right)$$

Como el valor obtenido es menor que la concentración inicial de sustrato nos indica que la fermentación se va a acabar porque se consigue la concentración máxima de producto. Al contrario, si el valor calculado fuera mayor que la concentración inicial de sustrato, la fermentación se pararía por consumo total de la fuente de carbono.

Además, analizando la anterior ecuación nos indica que al final del proceso quedaría, como concentración residual de azúcares:

$$S = S_0 - 210.55 = 250 - 210.35 = 39.65\left(\frac{g}{L}\right)$$

Y el grado alcohólico logrado se calcula utilizando la densidad y será:

$$p = p_{max} = 87.9\left(\frac{g}{L}\right) = 114.3\left(\frac{mL\ eta}{L}\right) = 11.4^{\text{o}}$$

Por último, para determinar el tiempo de fermentación requerido para que finalice la fermentación habría que calcular nuevamente la concentración de biomasa final:

$$Y_{p/x} = 4.3\left(\frac{gP}{gX}\right) = \frac{p - p_0}{x - x_0} = \frac{87.9\left(\frac{gP}{L}\right)}{x - 0.04\left(\frac{gX}{L}\right)} \rightarrow x = 20.90\left(\frac{gX}{L}\right) \rightarrow X = \frac{x}{Y_{x/s} \cdot S_0}$$
$$= 0.8439$$

Y si sustituimos en la ecuación de diseño vemos que nos da una indeterminación. Esto es debido a que cinéticamente la fermentación terminaría a un tiempo infinito. Así para poder dar un tiempo habría que suponer un valor de la concentración de p cerca del máximo, por ejemplo, p = 87.8 g/L y calcular el tiempo. Calculando de nuevo el valor de X para esa situación:

Por tanto, la fermentación termina a las **33.81 horas**.

Problema 2.5

Fermentador discontinuo con cinética por inhibición por sustrato

Las operaciones en discontinuo tienen, como uno de los principales inconvenientes, el número de empleados a contratar para las operaciones de carga, descarga y limpieza. Con el fin de reducir esos costes laborales, se plantea que, en una planta, los operarios encargados de esta función trabajen solamente en horario de mañana (de 8:00 a 14:00) cada 2 o 3 días. Si el proceso de fermentación presenta una cinética de inhibición por sustrato como la que sigue:

$$\mu = \mu_{max}\left(\frac{S}{K_s + S + \frac{S^2}{K_i}}\right)$$

dónde μ_{max} = 0.15 h^{-1}; K_s = 0.01 g/L; K_i = 10 g/L, $Y_{x/s}$ = 0.2 g bio/g sus, $Y_{p/s}$ = 0.72 g prod/g sus. Determinar los volúmenes de fermentación y la concentración final de sustrato que se necesitan para producir 100 Kg producto/mes siendo las concentraciones iniciales de sustrato y biomasa, respectivamente, S_0 = 40 g/L y x_0 = 0.5 g/L.

A. Si quiero que los trabajadores de descarga, esterilización y carga trabajen cada dos días.

B. Si quiero que los trabajadores de descarga, esterilización y carga trabajen cada tres días.

¿Cuál es mejor opción y por qué?

Como en ocasiones anteriores, realizando balance de materia al discontinuo, y aplicando la cinética particular, donde la acumulación se iguala con la reacción, pues no hay corrientes de entrada y salida:

$$V \cdot \frac{dx}{dt} = V \cdot \mu \cdot x = V \cdot \mu_{max} \left(\frac{S}{K_s + S + \frac{S^2}{K_i}} \right) \cdot x$$

Poniendo la concentración de sustrato, S, en función de la concentración de biomasa, x, usando el correspondiente coeficiente de rendimiento, separando variables e integrando se obtiene la siguiente ecuación de diseño:

$$\mu_{max} \cdot t = b \cdot (1 + X_0) \cdot Ln\left(\frac{X}{X_0}\right) - b \cdot (X - X_0) + \left(1 + \frac{a}{1 + X_0}\right) Ln\left(\frac{X}{X_0}\right) - \frac{a}{1 + X_0} \cdot Ln(1 - X - X_0)$$

donde los diferentes números adimensionales vienen definidos como:

$$X = \frac{x}{Y_{x/s} \cdot S_0};\ X_0 = \frac{x_0}{Y_{x/s} \cdot S_0};\ b = \frac{S_0}{K_i};\ a = \frac{k_s}{S_0}$$

Ahora, calculando los números adimensionales, se estudia la posibilidad de descartar algún término para simplificar el cálculo:

$$X_0 = \frac{x_0}{Y_{x/s}\, S_0} = \frac{0.5\left(\frac{g}{L}\right)}{0.2 \cdot 40\left(\frac{g}{L}\right)} = 0.0625;\ b = \frac{S_0}{K_i} = \frac{40\left(\frac{g}{L}\right)}{10\left(\frac{g}{L}\right)} = 4;\ a = \frac{k_s}{S_0} = \frac{0.1\left(\frac{g}{L}\right)}{40\left(\frac{g}{L}\right)} = 2.5 \cdot 10^{-4}$$

Luego se puede ver que el único parámetro que se puede despreciar es «a» y en estas condiciones la ecuación de diseño solo se puede reducir hasta:

$$\mu_{max} \cdot t = b \cdot (1 + X_0) \cdot Ln\left(\frac{X}{X_0}\right) - b \cdot (X - X_0) + Ln\left(\frac{X}{X_0}\right)$$

Esta ecuación sigue siendo un poco compleja, sobre todo, como es el caso de este problema, de que nos den el tiempo de fermentación y nos pidan la concentración de biomasa, ya que dicha variable no se puede despejar y hay que resolverla por tanteo. Así para cada una de las opciones pedidas se tiene:

Opción A: 2 días (48 horas)

Si las operaciones de carga, descarga y limpieza deben hacerse cada dos días, y eso conlleva un tiempo de 6 horas, por tanto, el tiempo de fermentación será de 48-6 horas, es decir: 42 horas.

Este es el tiempo que sustituyo en la ecuación de diseño, y despejo por tanteo el valor de X.

$$0.15\,(h^{-1}) \cdot 42(h)$$

$$= 4 \cdot (1 + 0.0625) \cdot Ln\left(\frac{X}{0.0625}\right) - 4 \cdot (X - 0.0625) + Ln\left(\frac{X}{0.0625}\right)$$

$$X = 0.237 \rightarrow x = 1.90\,\left(\frac{g}{L}\right)$$

Desde la concentración de biomasa puedo calcular la concentración de sustrato en el fermentador, así como la concentración de producto, al finalizar la fermentación:

$$Y_{x/s} = \frac{x - x_0}{S_0 - S} = \frac{(1.90 - 0.5)\,\left(\frac{gX}{L}\right)}{(40 - S)\,\left(\frac{gS}{L}\right)} = 0.2\,\left(\frac{gX}{gS}\right) \rightarrow S = 33.0\,\left(\frac{gS}{L}\right)$$

$$Y_{p/s} = \frac{p - p_0}{S_0 - S} = \frac{(P - 0)\,\left(\frac{gP}{L}\right)}{(40 - 33)\,\left(\frac{gS}{L}\right)} = 0.72\,\left(\frac{gP}{gS}\right) \rightarrow P = 5.04\,\left(\frac{gP}{L}\right)$$

Si se quiere una producción de 100 kg por mes, se debe calcular el número de ciclos a realizar en un mes, y desde ahí, sabiendo la masa de producto a obtener en cada ciclo, el volumen del fermentador.

Como cada ciclo dura 2 días, en un mes habrá 15 ciclos, y, por tanto, en cada ciclo habrá que producir 6.67 kg (100/15).

$$6670 \frac{gP}{ciclo} \cdot \frac{1\,L}{5.04\,gP} = 1323\,L$$

El volumen del fermentador será de 1323 L.

Opción B: 3 días (72 horas)

Si las operaciones de carga, descarga y limpieza deben hacerse cada tres días, y eso conlleva un tiempo de 6 horas, por tanto, el tiempo de fermentación será de 72-6 horas, es decir: 66 horas.

Este es el tiempo que sustituyo en la ecuación de diseño, y despejo por tanteo el valor de X.

$$0.15\,(h^{-1}) \cdot 66(h) = 4 \cdot (1 + 0.0625) \cdot Ln\left(\frac{X}{0.0625}\right) - 4 \cdot (X - 0.0625) + Ln\left(\frac{X}{0.0625}\right)$$

$$X = 0.639 \rightarrow x = 5.11\,\left(\frac{g}{L}\right)$$

Desde la concentración de biomasa puedo calcular la concentración de sustrato en el fermentador, así como la concentración de producto, al finalizar la fermentación:

$$Y_{x/s} = \frac{x - x_0}{S_0 - S} = \frac{(5.11 - 0.5)\left(\frac{gX}{L}\right)}{(40 - S)\left(\frac{gS}{L}\right)} = 0.2\left(\frac{gX}{gS}\right) \rightarrow S = 16.9\left(\frac{gS}{L}\right)$$

$$Y_{p/s} = \frac{p - p_0}{S_0 - S} = \frac{(P - 0)\left(\frac{gP}{L}\right)}{(40 - 16.9)\left(\frac{gS}{L}\right)} = 0.72\left(\frac{gP}{gS}\right) \rightarrow P = 16.6\left(\frac{gP}{L}\right)$$

Si se quiere una producción de 100 kg por mes, se debe calcular el número de ciclos a realizar en un mes, y desde ahí, sabiendo la masa de producto a obtener en cada ciclo, el volumen del fermentador.

Como cada ciclo dura 3 días, en un mes habrá 10 ciclos, y, por tanto, en cada ciclo habrá que producir 10 kg (100/10).

$$10000 \frac{gP}{ciclo} \cdot \frac{1\ L}{16.6\ gP} = 601\ L$$

El volumen del fermentador será de 601 L.

Parece claro, por tanto, que la mejor estrategia es la B, puesto que los trabajadores acuden menos días al mes a trabajar (reducción de los salarios) y, además, el volumen del fermentador a adquirir es menos de la mitad (y, por tanto, también menos inversión inicial).

Problema 2.6

Fermentación en discontinuo con cinética de crecimiento logística y modelo de mantenimiento

Das *et al.* (2021) describen la producción de biohidrógeno a partir de aguas residuales mediante la técnica de fermentación en oscuridad. Estos autores describen el proceso fermentativo mediante las siguientes ecuaciones:

$$\text{Velocidad crecimiento biomasa (modelo logístico)}$$

$$\mu = \frac{1}{x}\frac{dx}{dt} = \mu_{max}\left(1 - \frac{x}{x_{max}}\right)\ ;\ \mu_{max} = 0.200\ (h^{-1});\ x_{max} = 2.31\left(\frac{gX}{L}\right)$$

$$\text{Ecuación de Pirt};\ r_s = \frac{1}{x}\frac{dS}{dt} = Y_{s/x}\cdot\mu + m_s;\ Y_{x/s} = 0.253\left(\frac{gX}{g\ COD}\right);\ m_s = 0.131\left(\frac{g\ COD}{g\ X\cdot h}\right)$$

$$\text{Ecuación de Luedeking − Piret};\ \mu = \frac{1}{x}\frac{dx}{dt} = \alpha\frac{1}{x}\frac{dp}{dt} + \beta;\ \alpha = 0.11\left(\frac{gX}{gH_2}\right)\quad \beta = 0\ (h^{-1})$$

donde COD es la demanda química de oxígeno del agua residual tratada.

Si en nuestra ciudad se pretende tratar por este procedimiento 100 m^3/día de un agua residual con una demanda química de oxígeno de 20 g/L, suponiendo que la concentración inicial de biomasa es 0.1 g/L. Estimar las condiciones de operación y el volumen de un fermentador discontinuo que hacen máxima la producción de H_2 por volumen de fermentador. Para los cálculos se supondrá que el proceso de carga y descarga más el periodo de latencia de este fermentador son 10 horas. ¿Cuál es la producción de hidrógeno que se logra en este proceso?

El primer paso a realizar es un balance de materia a la biomasa en nuestro fermentador discontinuo, para una cinética de crecimiento de tipo logístico, obteniendo:

$$\frac{dx}{dt} = \mu \cdot x = \mu_{max}\left(1 - \frac{x}{x_{max}}\right)x$$

Separando variables e integrando entre el tiempo inicial y final se obtiene:

$$\mu_{max}\int_0^t dt = x_{max}\int_{x_0}^{x} \frac{dx}{x(x_{max} - x)};\ \mu_{max} \cdot t = Ln\left[\frac{x\,(x_{max} - x_0)}{x_0(x_{max} - x)}\right]$$

Despejando desde ahí el valor de x resulta en:

$$x = \frac{x_0 \cdot x_{max} \cdot exp(\mu_{max}t)}{x_{max} + x_0[exp(\mu_{max}t) - 1]}$$

De las ecuaciones anteriores se desconocen tanto el valor de la concentración final de la biomasa, x, como el tiempo de fermentación requerido, t. Para determinar la primera se debe de realizar el balance de materia al sustrato obteniendo la siguiente ecuación:

$$\frac{dS}{dt} = r_s \cdot x = \left(Y_{s/x} \cdot \mu + m_s\right) \cdot x$$

Sustituyendo ahora la velocidad de crecimiento por la expresión logística y la concentración de biomasa por lo determinado previamente se obtiene:

$$\frac{dS}{dt} = \left[Y_{s/x} \cdot \mu_{max}\left(1 - \frac{x}{x_{max}}\right) + m_s\right] x$$

$$\frac{dS}{dt} = \left[Y_{s/x} \cdot \mu_{max}\left(1 - \frac{\frac{x_0 \cdot x_{max} \cdot exp(\mu_{max}t)}{x_{max} + x_0[exp(\mu_{max}t) - 1]}}{x_{max}}\right) + m_s\right] \frac{x_0 \cdot x_{max} \cdot exp(\mu_{max}t)}{x_{max} + x_0[exp(\mu_{max}t) - 1]}$$

Llegado a este punto, habría que separar variables e integrar, pero la integral dependiente del tiempo no es fácil de resolver con lo cual se deberá realizar la correspondiente integral numérica. Resolviendo esta integral para distintos tiempos de fermentación se obtiene la siguiente gráfica. Como se puede ver a partir de 30 horas de fermentación se llega prácticamente a una concentración constante de la biomasa, pero aun nos quedan 5 g COD/L por consumir.

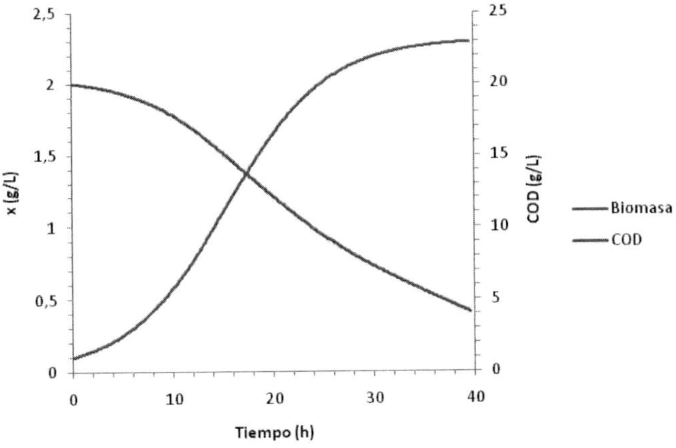

Aunque el problema nos dice que la relación entre producto y biomasa sigue la ecuación de Luedeking - Piret, como β es 0, significa que existe una relación lineal entre el producto y la biomasa, es decir, como si se aplicase un coeficiente de rendimiento. Y, por lo tanto, se puede aplicar lo siguiente:

$$\alpha = Y_{x/p} = 0.11 \left(\frac{gX}{g\,H_2}\right) = \frac{x - x_0}{p}$$

Desde esta ecuación se puede despejar el valor de la concentración de hidrógeno (p) y su producción se expresa al relativizarlo por el tiempo que dura cada fermentación:

$$Prod\ H_2 = \frac{p}{t + t_{op}} = \frac{Y_{p/x}(x - x_0)}{t + t_{op}}$$

donde t_{op} es el tiempo de que engloba la carga, la descarga y la latencia, que, en este caso, son 10 horas.

Representando la producción de hidrógeno para distintos tiempos de fermentación (figura al final del problema) se ve que la producción máxima se logra cuando el tiempo alcanza las 24.6 horas. Si se utiliza ese tiempo para calcular las concentraciones de los componentes del fermentador se obtienen:

$$x = 1.99\left(\frac{gX}{l}\right); S = 9.61\ \left(\frac{g\ COD}{L}\right); p = 17.18\ \left(\frac{gH_2}{L}\right)$$

Esto se traduce en una productividad de hidrógeno de 0.496 g/L·h.

Como se ha comentado antes, el tiempo del ciclo serían 24.6 horas más 10 horas del resto de los procesos, y, por tanto, un total de 34.6 horas. Como se desean tratar 100 m^3/día de esas aguas, se debe calcular el volumen necesario para conseguirlo:

$$V = \frac{100\left(\frac{m^3}{\text{día}}\right)}{24\left(\frac{h}{\text{día}}\right)} 34.6\ (h) = 144.17\ m^3$$

Conocido el volumen, se calcula la productividad:

$$Prod\ H_2 = \ 0.496\ \left(\frac{gH2}{L \cdot h}\right) \cdot 144170\ (L) = 71584\left(\frac{gH2}{h}\right) = 71.6\left(\frac{kg\ H2}{h}\right)$$

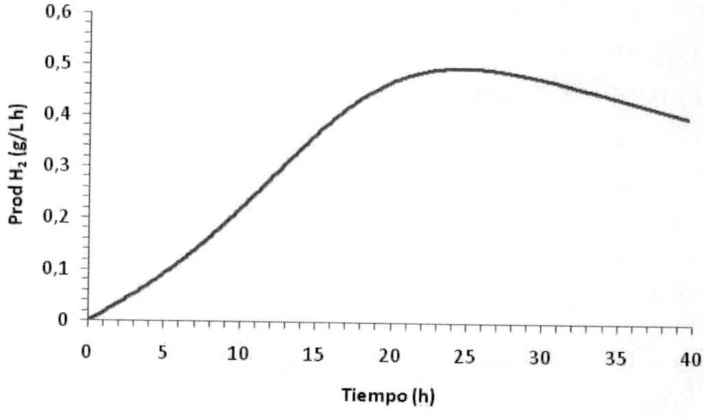

Problema 2.7

Comparativas de estrategias de producción: continuo vs. discontinuo

El ácido acético se obtiene por fermentación del etanol del vino usando el microorganismo *Acetobacter aceti*. En dicho proceso se usa como fuente de nitrógeno, amoniaco y se supone que solo se genera ácido acético y biomasa. La cinética que describe este proceso de fermentación es:

$$\mu = \frac{1}{x}\frac{dx}{dt} = \mu_{max}\left(1 - \frac{p}{p_{max}}\right)$$

donde $\mu_{max} = 0.08\ h^{-1}$; $P_{max} = 63.5\ Kg/m^3$. Suponiendo que se verifica el modelo de la caja negra se tiene que los coeficientes estequiométricos para este proceso son: $Y_{p/s} = 1.18$ kg acético/kg etanol, $Y_{p/x} = 386.8$ g acético/g biomasa.

Se quiere analizar todas las alternativas para la obtención de 60000 litros por año de vinagre con una concentración de ácido acético de 60 g/L. Las opciones que se barajan son las siguientes:

- *Procedimiento tradicional.* El vino se introduce en barriles o botas de 200 L de capacidad y se deja fermentar en ellas. Calcular el número de barriles requeridos sabiendo que una vez producida la fermentación volver a acondicionar los barriles nos lleva dos veces más de tiempo que la propia fermentación. Suponer que la concentración inicial de biomasa es $x_0 = 0.05$ g/L.

- *Procedimiento industrial*: Utilizar un fermentador de mezcla completa continuo en estado estacionario. Determinar el volumen requerido de fermentador suponiendo que el fermentador continuo trabaja un mes y después tiene 15 días de mantenimiento.

**Nota: Para que el vinagre sea bueno durante todo el proceso se supondrá que la concentración de etanol a la salida siempre será un 3 % de la concentración de entrada.*

Procedimiento tradicional (discontinuo)

La primera de las alternativas propuestas es utilizar fermentadores discontinuos. Realizando el balance de materia a la biomasa se tiene que su ecuación de diseño es:

$$Acumula = Reacciona$$
$$V \cdot \frac{dx}{dt} = V \cdot \mu \cdot x = V \cdot \mu_{max} \left(1 - \frac{p}{p_{max}}\right) x$$

Pero, por otra parte, sabiendo que usaremos modelo de la caja negra, y considerando que, al principio de la fermentación, la concentración de ácido acético es nula ($p_0 = 0$) se tiene que la relación entre la biomasa y el producto será:

$$p = Y_{p/x}(x - x_0)$$

Sustituyendo esta expresión en la anterior ecuación diferencial y definiendo los números adimensionales nos queda:

$$X = \frac{x}{Y_{x/s} \cdot S_0};\ X_0 = \frac{x_0}{Y_{x/s} \cdot S_0};\ P_{max} = \frac{p_{max}}{Y_{p/s} \cdot S_0}$$
$$\frac{dX}{dt} = \mu_{max} \left(1 - \frac{X - X_0}{P_{max}}\right) X$$

Llegado a este punto, separando variables e integrando nos queda que el tiempo de fermentación, t_{fer}, para este proceso es:

$$\mu_{max} \cdot t_{fer} = P_{max} \int_{X_0}^{X} \frac{dX}{X(P_{max} + X_0 - X)} = \frac{P_{max}}{P_{max} + X_0} Ln \left[\frac{XP_{max}}{X_0(P_{max} + X_0 - X)} \right]$$

Para calcular los números adimensionales, primeramente, se debe determinar la concentración de biomasa en el fermentador y de sustrato inicial.

$$p = Y_{p/x} \cdot (x - x_0) = 60 \left(\frac{gP}{L}\right) = 386.8 \left(\frac{gP}{gX}\right) \cdot \left(x - 0.05 \left(\frac{gX}{L}\right)\right) \rightarrow x = 0.205 \left(\frac{gX}{L}\right)$$

$$Y_{p/s} = \frac{p}{s_0 - s} = \frac{60 \left(\frac{gP}{L}\right)}{S_0 - 0.03 \cdot S_0} = 1.18 \left(\frac{gP}{gS}\right) \rightarrow S_0 = 52.42 \left(\frac{gS}{L}\right)$$

Con estos dos resultados, se pueden calcular los números adimensionales:

$$X = \frac{x}{Y_{x/s} \cdot S_0} = 1.283; X_0 = \frac{x_0}{Y_{x/s} \cdot S_0} = 0.313; P_{max} = \frac{p_{max}}{Y_{p/s} \cdot S_0} = 1.027$$

Y sustituyendo en la ecuación superior:

$$t_{fer} = \frac{P_{max}}{(P_{max} + X_0)\mu_{max}} Ln \left[\frac{X \cdot P_{max}}{X_0(P_{max} + X_0 - X)} \right]$$
$$= \frac{1.027}{(1.027 + 0.313)0.08(h^{-1})} \ln \left(\frac{1.283 \cdot 1.027}{0.313 \cdot (1.027 + 0.313 - 1.283)} \right) = 41.2\ h$$

Nos queda, por tanto, que el tiempo de fermentación es t_{fer} = **41.2 h.** Teniendo en cuenta lo que nos dice el texto el tiempo total de procesado de cada barril es el triple del tiempo de fermentación y por tanto son 123.6 horas. Con todo esto, considerando la producción de vinagre que se quiere lograr, se tiene que el volumen de fermentación requerido, V_{fer}, y el número de barriles serán, respectivamente:

$$V_{fer} = \frac{60000 \left(\frac{L}{año}\right)}{8760 \left(\frac{h}{año}\right)} \cdot t = 6.85 \left(\frac{L}{h}\right) \cdot t\ (h) = 6.85 \left(\frac{L}{h}\right) \cdot 123.6\ (h) = 847\ (L)$$

Por tanto, serán necesarios 5 barriles de 200 litros cada uno.

Procedimiento industrial (continuo)

Como segunda alternativa se está considerando un fermentador de mezcla continuo en estado estacionario y como no nos indica nada, se va a suponer que la alimentación es estéril. En estas condiciones, el balance de materia a la biomasa queda reducido a:

$$D = \mu = \mu_{max}\left(1 - \frac{p}{p_{max}}\right) = 0.08\,(h^{-1})\left(1 - \frac{60\left(\frac{g}{L}\right)}{63.5\left(\frac{g}{L}\right)}\right) = 4.41 \cdot 10^{-3}\,(h^{-1})$$

Si analizamos las Condiciones de operación descritas en este apartado se ve que a lo largo de un año el fermentador continuo va a estar trabajando 8 meses y parado 4, es decir, las horas de trabajo serán 5760 h. Esto supone que cada hora tiene que salir del fermentador un caudal de:

$$v_0 = \frac{60000\left(\frac{L}{año}\right)}{5760\left(\frac{h}{año}\right)} = 10.42\left(\frac{L}{h}\right)$$

Y teniendo presente la definición de velocidad de dilución, el volumen del fermentador requerido es

$$V = \frac{v_0}{D} = \frac{10.42\,\left(\frac{L}{h}\right)}{4.41 \cdot 10^{-3}\,(h^{-1})} = 2362.4\,(L)$$

Se puede ver que se requiere prácticamente tres veces más que en el caso de un discontinuo. Por tanto, parece que no es una buena alternativa tratar de producir en continuo.

Problema 2.8

Paso de un proceso continuo al discontinuo

El D-manitol puede ser producido por fermentación utilizando *Leuconostoc mesenteroides.* Esta bacteria crece en un reactor de 400 litros utilizando fructosa como fuente de carbono, a una concentración de 200 g/L. Se desea conseguir una productividad de manitol de 2620 g/h que se alcanza cuando la concentración de bacterias es máxima. Asumiendo el estado estacionario, y una cinética de Monod. Calcule:

A. Caudal que debe aportarse al reactor para alcanzar dicha productividad.

B. Concentración de la fructosa y de la biomasa en el reactor.

Se desea cambiar el proceso a una producción en discontinuo, donde se obtengan anualmente las mismas toneladas de manitol que en el continuo. Para ello, se dispone de un inóculo de 0.1 g/L de la bacteria. Sabiendo que el tiempo entre cargas y latencia del discontinuo son 3 horas. Calcular:

C. Volumen del reactor para conseguir la misma cantidad anual de manitol *(asumir que la concentración de sustrato inicial es la misma, y que se alcanza la misma concentración final de biomasa que en el continuo).*

Datos: μ_{max}: 0.8 h^{-1}; $Y_{p/s}$: 0.07 g/g; $Y_{x/s}$: 0.36 g/g; K_s: 13 g/L.

Apartado A

Se nos informa de la productividad del producto (D-manitol), que se puede expresar en función de la velocidad de dilución:

$$\Pr(P) = D \cdot V \cdot P$$

Donde la concentración de producto se relaciona con la de sustrato a través del coeficiente de campo:

$$Y_{p/s} = \frac{P - P_0}{S_0 - S} \rightarrow P = Y_{p/s} \cdot (S_0 - S)$$

Sustituyendo en la ecuación de la productividad:

$$\Pr(P) = D \cdot V \cdot Y_{p/s} \cdot (S_0 - S)$$

Por otra parte, del balance a la biomasa se conoce que la velocidad de dilución es la velocidad de crecimiento y ésta a su vez, se relaciona con la concentración de sustrato por la cinética de Monod:

$$D = \mu = \mu_{max} \cdot \frac{S}{K_s + S}$$

Despejando S de la ecuación anterior resulta en:

$$S = \frac{K_s \cdot D}{\mu_{max} - D}$$

Sustituyendo S en la ecuación de la productividad resulta una ecuación de segundo grado teniendo D como incógnita:

$$Pr(P) = D \cdot V \cdot Y_{p/s} \cdot \left(S_0 - \frac{K_s \cdot D}{\mu_{max} - D}\right)$$

Sustituyendo para los valores conocidos del enunciado:

$$2620 \left(\frac{\text{gP}}{\text{h}}\right) = D \cdot 400(L) \cdot 0.07 \left(\frac{gP}{gS}\right) \cdot \left(200 \left(\frac{gS}{L}\right) - \frac{13 \left(\frac{gS}{L}\right) \cdot D}{0.8\ (h^{-1}) - D}\right) \rightarrow D$$
$$= 0.65\ (h^{-1})$$

Desde la velocidad de dilución se calcula el caudal:

$$v_0 = D \cdot V = 0.65(h^{-1}) \cdot 400(L) = 260 \left(\frac{L}{h}\right)$$

Apartado B

La concentración de fructosa en el reactor, se calcula con la ecuación obtenida anteriormente, ahora que se conoce el valor de D:

$$S = \frac{K_s \cdot D}{\mu_{max} - D} = \frac{13 \left(\frac{gS}{L}\right) \cdot 0.65(h^{-1})}{0.8(h^{-1}) - 0.65(h^{-1})} = 56.3 \left(\frac{gS}{L}\right)$$

La concentración de biomasa, se puede obtener con el coeficiente de campo (asumiendo alimentación estéril):

$$Y_{x/s} = \frac{x - x_0}{S_0 - S} \rightarrow x = Y_{x/s} \cdot (S_0 - S) = 0.36 \left(\frac{gX}{gS}\right)(200 - 56.3)\left(\frac{gS}{L}\right) = 51.7 \left(\frac{gX}{L}\right)$$

Apartado C

Como se ha considerado en problemas anteriores, al realizar el balance de materia a la biomasa en un fermentador discontinuo, con cinética de Monod y modelo de la caja negra, la ecuación de diseño resulta en:

$$\mu_{max} \cdot t = \left(1 + \frac{a}{1 + X_0}\right) Ln\left(\frac{X}{X_0}\right) - \left(\frac{a}{1 - X_0}\right) Ln(1 + X_0 - X)$$

Donde conozco todos los valores de la ecuación a excepción del tiempo de fermentación (t). En primer lugar, calculo los números adimensionales:

$$a = \frac{k_s}{s_0} = \frac{13\left(\frac{gS}{L}\right)}{200\left(\frac{gS}{L}\right)} = 0.065;\ X_0 = \frac{x_0}{Y_{x/s}\cdot S_0} = \frac{0.1\left(\frac{gX}{L}\right)}{0.36\left(\frac{gX}{gS}\right)\cdot 200\left(\frac{gS}{L}\right)}$$
$$= 1.39\cdot 10^{-3}$$

$$X = \frac{x}{Y_{x/s}\cdot S_0} = \frac{51.7\left(\frac{gX}{L}\right)}{0.36\left(\frac{gX}{gS}\right)\cdot 200\left(\frac{gS}{L}\right)} = 0.718$$

Sustituyendo en la ecuación de diseño (ningún término es despreciable porque «a» tiene un valor considerable):

$$0.8(h^{-1})\cdot t = \left(1+\frac{0.065}{1+0.0014}\right)Ln\left(\frac{0.718}{0.0014}\right)$$
$$-\left(\frac{0.065}{1-1.0014}\right)Ln(1+0.0014-0.718) \rightarrow t = 8.41\ h$$

Por cada fermentación, hay que añadir 3 horas para procesos de carga, descarga, limpieza, y, por tanto, el tiempo del ciclo son 11.41 horas.

Con el valor de la productividad se puede calcular la masa de D-manitol que se debe obtener de cada ciclo de producción (si se quiere igualar al continuo):

$$2620\left(\frac{\text{g}}{\text{h}}\right)\cdot 11.41(\text{h}) = 29824(\text{g})$$

Eso debe conseguirse de cada ciclo. Conocido el valor de la biomasa en el caldo (no varía), se puede calcular la concentración de producto:

$$Y_{p/x} = Y_{p/s}\cdot Y_{s/x} = 0.07\left(\frac{gP}{gS}\right)\cdot\frac{1}{0.36}\left(\frac{gS}{gX}\right) = 0.194\left(\frac{gP}{gX}\right) = \frac{P-P_0}{x-x_0}$$

Como no hay producto al inicio de la fermentación:

$$P = Y_{px}\cdot(x-x_0) = 0.194\left(\frac{gP}{gX}\right)\cdot(51.7-0.1)\left(\frac{gX}{L}\right) = 10.03\left(\frac{gP}{L}\right)$$

Con este valor, se calcula el volumen del reactor:

$$V = \frac{29824\ (gP)}{10.03\ \left(\frac{gP}{L}\right)} = 2972\ (L)$$

Para conseguir semejante producción al continuo, se necesita aumentar el volumen hasta casi 3000 litros.

Problema 2.9

Fermentador Fed-Batch con modelo logístico

En el problema 2.7 se ha descrito la producción de ácido acético a partir del etanol del vino usando el microorganismo *Acetobacter aceti* mediante la siguiente cinética:

$$\mu = \frac{1}{x}\frac{dx}{dt} = \mu_{max}\left(1 - \frac{p}{p_{max}}\right)$$

donde $\mu_{max} = 0.08\ h^{-1}$; $P_{max} = 63.5\ kg/m^3$. Suponiendo que se verifica el modelo de la caja negra y que los coeficientes estequiométricos para este proceso son: $Y_{p/s} = 1.18$ Kg acético/Kg etanol, $Y_{p/x} = 386.8$ g acético/g biomasa.

Determinar, el tiempo de proceso y la concentración de biomasa y reactivo que queda al final del proceso sabiendo que el fermentador *fed-batch* parte de un Inóculo donde la concentración de sustrato es de $S_0 = 2$ g/L, la concentración de biomasa es $x_0 = 1$ g/L y un volumen V_0. La velocidad de crecimiento durante todo el proceso es $\mu = 4.41 \cdot 10^{-3}\ h^{-1}$, el volumen final es 4 veces V_0 y la concentración de etanol en la alimentación es 90 g etanol/L.

Al estar considerando un modelo logístico, con inhibición por producto, que la velocidad de crecimiento sea constante implica que la concentración de producto, en ese caso, ácido acético es constante y se puede despejar de la ecuación cinética:

$$\mu = \mu_{max}\left(1 - \frac{p}{p_{max}}\right) = 0.08\ (h^{-1}) \cdot \left(1 - \frac{p}{63.5\ \left(\frac{g}{L}\right)}\right) = 4.41 \cdot 10^{-3}\ (h^{-1}) \rightarrow p = 60\left(\frac{g}{L}\right)$$

Dado que se conocen los valores del producto, se comienza realizando el balance al producto en el fermentador:

Acumula = Reacciona

(No habrá término salida, porque es un reactor discontinuo alimentado) (La acumulación tiene dos componentes, la variación del volumen y de la concentración de producto).

$$\frac{d\ (Vp)}{dt} = V\frac{dp}{dt} + p\frac{dV}{dt} = Y_{p/x} \cdot \mu \cdot x \cdot V$$

Pero como la concentración de producto va a ser constante, entonces el término dp/dt se hace 0 y el balance nos queda reducido a:

$$p\frac{dV}{dt} = Y_{p/x} \cdot \mu \cdot x \cdot V;\ donde \frac{dV}{dt} = v_0(t) \rightarrow x(t) = \frac{p \cdot v_0(t)}{Y_{p/x} \cdot \mu \cdot V}$$

Sin embargo, en esta ecuación no conocemos ni el volumen del fermentador, ni el caudal, ni la concentración de la biomasa. Realizando ahora el mismo balance para la biomasa se tiene que:

$$\frac{d\ (V \cdot x)}{dt} = \mu \cdot x \cdot V$$

Considerando como una única variable el producto de V y x (V·x), se pueden separar variables e integrar para V_0 y V, x_0 y x, correspondiente a t y a t = 0.

$$Ln\left(\frac{x \cdot V}{x_0 \cdot V_0}\right) = \mu \cdot t \rightarrow x \cdot V = x_0 \cdot V_0 \cdot \exp(\mu \cdot t)$$

Si se despeja el valor de x (que es función del tiempo) y se iguala en la expresión que se dedujo antes:

$$x(t) = \frac{x_0 \cdot V_0}{V} \exp(\mu \cdot t)$$

$$\frac{p \cdot v_o(t)}{Y_{p/x} \cdot \mu \cdot V} = \frac{x_0 \cdot V_0}{V} \exp(\mu \cdot t)$$

Los volúmenes finales se anulan, y si despejo el caudal desde esta expresión nos queda:

$$v_0(t) = \frac{Y_{p/x} \cdot \mu \cdot x_0 \cdot V_0}{p} \exp(\mu \cdot t)$$

Si vuelvo a expresar ese valor del caudal como dV/dt, integrando para el volumen inicial y final (a tiempo inicial y final):

$$V - V_0 = \frac{Y_{p/x} \cdot x_0 \cdot V_0}{p} [\exp(\mu \cdot t) - 1]$$

Como V final se relaciona con V_0, desde la ecuación anterior se puede sustituir y despejar el tiempo de la fermentación:

$$3 \cdot V_0 = \frac{386.8 \left(\frac{gP}{gX}\right) \cdot 1 \left(\frac{gX}{L}\right) \cdot V_0}{60 \left(\frac{gP}{L}\right)} [\exp(4.41 \cdot 10^{-3}(h^{-1}) \cdot t) - 1] \rightarrow t = 86.6\, h$$

El tiempo de fermentación es, por tanto, 86.6 horas.

Finalmente, para conocer la concentración de sustrato residual, se debe considerar el balance al sustrato (lo que acumula más lo que reacciona es lo que entra). Se obtiene la siguiente ecuación:

Acumula + Reacciona = Entra

$$\frac{d\,(V \cdot S)}{dt} = -Y_{s/x} \cdot \mu \cdot x \cdot V + v_0 \cdot S_{feed}$$

Si descompongo el término acumulación:

$$-Y_{s/x} \cdot \mu \cdot x \cdot V + v_0 \cdot S_{feed} = \frac{dV}{dt} S + \frac{dS}{dt} V$$

Puedo expresar la variación del volumen como v_0(t), y despejar desde ahí el valor de dS/dt:

$$-Y_{s/x} \cdot \mu \cdot x \cdot V(t) + v_0(t) \cdot s_{feed} = v_o(t) \cdot S + \frac{dS}{dt} V(t)$$

Reordenando la expresión anterior:

$$\frac{dS}{dt} = -Y_{s/x} \cdot \mu \cdot x(t) + \frac{v_0(t)}{V(t)} (S_{feed} - S)$$

Como se puede observar, la ecuación diferencial resulta compleja de integrar pues hay 3 variables (biomasa, volumen y caudal) que dependen del tiempo. La forma de resolverlo es numéricamente. En la figura adjunta se muestra la evolución del sustrato respecto al tiempo. Se puede ver cómo la concentración final de sustrato en el fermentador es de 6.0 g/L de etanol, lo cual se considera como asumible para un fermentador.

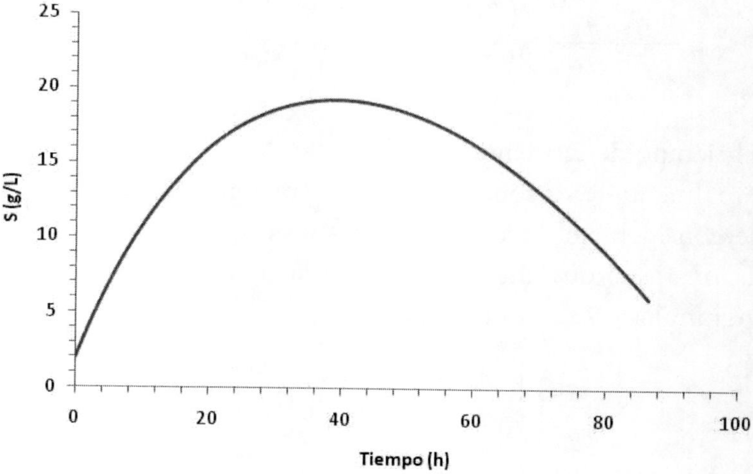

Problema 2.10

Fermentador Fed-Batch con modelo de Monod

Se pretende diseñar un fermentador *fed-batch* en el cual se va a realizar la producción de un producto P. Para ello se parte de un inóculo de volumen V_0 = 1 L procedente de un fermentador discontinuo que contiene unas concentraciones de sustrato, biomasa y producto, respectivamente, s_0 = 5 g/L, x_0 = 4 g/L y p_0 = 1.2 g/L. Una vez preparado se empieza a operar ($t > 0$) introduciendo un caudal de entrada, $v_0(t)$ que únicamente contiene sustrato en una concentración de S_{feed} = 80 g/L.

Sabiendo que el volumen máximo del fermentador es de 10 L, la cinética de crecimiento de este microorganismo es de tipo Monod con μ_{max} = 0.14 h^{-1} y k_s = 2 g/L y los correspondientes coeficientes de campo son $Y_{p/s}$ = 0.024 g producto/g sustrato e $Y_{x/s}$ = 0.12 g biomasa/g sustrato. Determinar el tiempo de operación del *fed-batch* y la producción de producto logrado suponiendo que durante todo el proceso la concentración de sustrato en el fermentador es constante e igual a 5 g/L.

Al tratarse de un fermentador *fed-batch* se tiene que el balance de materia a la biomasa va a venir dado por:

$$Sale - Entra = reacciona + acumula$$

$$0 - 0 = \mu \cdot x \cdot V - \frac{d\,(V \cdot x)}{dt}$$

En este caso, se observa que existe un término de acumulación, ya que al final es un discontinuo, pero con cambio de volumen y todas las variables van a ser función del tiempo de operación.

Como en el enunciado se indica que la concentración de sustrato es constante y la cinética de tipo Monod entonces:

$$\mu = \mu_{max} \frac{S}{k_s + S} = 0.14\ (h^{-1})\ \frac{5\left(\frac{g}{L}\right)}{2\left(\frac{g}{L}\right) + 5\left(\frac{g}{L}\right)} = 0.1\ (h^{-1})$$

Y, por tanto, la velocidad de crecimiento (μ) se va a considerar constante, porque el sustrato es constante.

Si consideramos el producto x·V como una variable, se puede integrar en la ecuación del balance de materia a la biomasa:

$$\int_{x_0 V_0}^{xV} \frac{d\,(V \cdot x)}{x \cdot V} = \int_0^t \mu \cdot dt \rightarrow \mu \cdot t = Ln\left(\frac{x \cdot V}{x_0 \cdot V_0}\right) \rightarrow x \cdot V = x_0 \cdot V_0 \cdot \exp(\mu\, t)$$

Se sabe que el volumen final es 10 veces el inicial, y se conoce también el valor del inóculo, x_0. Por tanto, la ecuación anterior queda como:

$$10 \cdot x \left(\frac{g}{L}\right) = 4\left(\frac{g}{L}\right) \cdot \exp(0.1\ (h^{-1}) \cdot t)$$

Sin embargo, en esta ecuación nos quedan dos incógnitas. Para resolverlo se va a realizar el correspondiente balance al sustrato obteniendo:

$$Sale - Entra = reacciona + acumula$$

$$0 - v_0 \cdot S_{feed} = -Y_{\frac{s}{x}} \cdot \mu \cdot x \cdot V - \frac{d\,(V \cdot S)}{dt}$$

Si se descompone el término acumulación del balance, y se tiene presente que dV/dt = v_0(t) entonces:

$$\frac{d\,(V \cdot S)}{dt} = V\frac{dS}{dt} + S\frac{dV}{dt} = -Y_{s/x} \cdot \mu \cdot x \cdot V + v_0 \cdot S_{feed}$$

Se nos informa que no hay variación de la concentración de sustrato, y, por tanto, dS/dt = 0.

Al simplificar entonces, e indicando todas las variables que son función del tiempo:

$$S \cdot v_0(t) = -Y_{s/x} \cdot \mu \cdot x(t) \cdot V(t) + v_0(t) \cdot S_{feed}$$

$$v_0(t) = \frac{Y_{s/x} \cdot \mu}{S_{feed} - S} x(t) \cdot V(t)$$

Si utilizamos el balance a la biomasa para sustituir aquí:

$$x(t) = \frac{x_0 \cdot V_0 \cdot \exp(\mu \cdot t)}{V(t)}$$

$$v_0(t) = \frac{Y_{s/x} \cdot \mu}{S_{feed} - S} x_0 \cdot V_0 \cdot \exp(\mu \cdot t)$$

Si deshago el cambio del caudal, y lo expreso como dV/dt, se puede dar solución a la ecuación:

$$\frac{dV}{dt} = \frac{Y_{s/x} \cdot \mu}{S_{feed} - S} x_0 \cdot V_0 \cdot \exp(\mu \cdot t)$$

Separando variables e integrando resulta que:

$$V - V_0 = \frac{Y_{s/x} \cdot \mu \cdot x_0 \cdot V_0}{S_{feed} - S} \cdot [\exp(\mu \cdot t) - 1]$$

Sustituyendo todos los valores que son conocidos:

$$10 - 1\,(L) = \frac{\frac{1}{0.12}\left(\frac{gS}{gX}\right) \cdot 0.1\left(\frac{1}{h}\right) \cdot 4\left(\frac{gX}{L}\right) \cdot 1(L)}{(80-5)\left(\frac{gS}{L}\right)} (\exp(\mu \cdot t) - 1) \rightarrow t = 30.6\,(h)$$

El tiempo necesario, para alcanzar los 10 litros en el reactor *fed-batch* será, de 30.6 horas.

Si se sustituye en la ecuación resultante del balance a la biomasa para ese tiempo:

$$x(t) = \frac{4\left(\frac{gX}{L}\right) \cdot 1(L) \cdot \exp(0.1(h^{-1}) \cdot 30.6(h))}{10(L)} = 8.53\left(\frac{gX}{L}\right)$$

La concentración final de biomasa va a ser por tanto 8.5 g/L.

Finalmente, se realizará el balance al producto para poder calcular la productividad del reactor. En el balance al producto, el término reacción se iguala al termino acumulación:

$$\frac{d\,(V \cdot p)}{dt} = Y_{p/x} \cdot \mu \cdot x \cdot V$$

Si se expresa x como función del tiempo (de los balances anteriores), y se integra como una única variable el término V·p:

$$\frac{d\,(V \cdot p)}{dt} = Y_{p/x} \cdot \mu \cdot x_0 \cdot V_0 \cdot \exp(\mu \cdot t)$$

$$\int_{V_0 p_0}^{Vp} d\,(V \cdot p) = Y_{p/x} \cdot \mu \cdot x_0 \cdot V_0 \int_0^t \exp(\mu \cdot t)\,dt$$

$$V \cdot p - V_0 \cdot p_0 = Y_{p/x} \cdot x_0 \cdot V_0 \cdot [\exp(\mu \cdot t) - 1]$$

Sustituyendo para los valores del final de la fermentación, se puede calcular el valor de la concentración de producto (calculando $Y_{p/x}$ como el producto de $Y_{p/s}$ por $Y_{s/x}$):

$$10(L) \cdot p\left(\frac{gP}{L}\right) - 1(L) \cdot 1.2\left(\frac{gP}{L}\right)$$

$$= 0.024\left(\frac{gP}{gS}\right) \cdot \frac{1}{0.12}\left(\frac{gS}{gX}\right) \cdot 4\left(\frac{gX}{L}\right) \cdot 1(L) \cdot \left[\exp\left(0.1(h^{-1}) \cdot 30.6(h)\right) - 1\right]$$

$$p = 1.75\left(\frac{gP}{L}\right)$$

Conocida esa concentración, se puede calcular la productividad del reactor *fed-batch*, de la siguiente forma:

$$Prod\,p = \frac{(V \cdot p - V_0 \cdot p_0)}{t} = \frac{10(L) \cdot 1.75\left(\frac{gP}{L}\right) - 1(L) \cdot 1.2\left(\frac{gP}{L}\right)}{30.6\,(h)} = 0.53\left(\frac{gP}{h}\right)$$

Capítulo 3

Enzimáticos homogéneos

Problema 3.1

Biorreactor enzimático homogéneo con cinética de Michaelis-Menten para la producción de bioetanol

En la producción de bioetanol, el paso inicial es la hidrólisis enzimática del almidón de los cereales hasta azúcares fermentables. Para realizar este proceso, denominado «sacarificación», se usa un biorreactor enzimático de tanque agitado continuo en estado estacionario. Junto al almidón se añade una mezcla de enzimas (α-amilasa y β-amilasa), responsables de dicha sacarificación. Los parámetros cinéticos para esta mezcla de enzimas son: $V_{max} = 0.183\ g{\cdot}L^{-1}{\cdot}min^{-1}$ y $K_m = 0.6\ g{\cdot}L^{-1}$. Si la alimentación al biorreactor es una disolución de almidón en agua al 40 % peso (asumir la densidad del agua), el tiempo de residencia del proceso es 36 h y el volumen del biorreactor es 10 m^3. Calcular:

A. El flujo de azúcares fermentables que sale tras el proceso si por estequiometría se sabe que 1 kg de almidón hidrolizado produce 1.3 kg de azúcares.

B. Si se desease la misma conversión con un reactor de flujo pistón. ¿Cuál es el volumen requerido del reactor?

Apartado A

Planteamos el balance al reactor en continuo y tanque agitado, tal y como se muestra en la imagen adjunta:

Entra — Sale = Reacciona

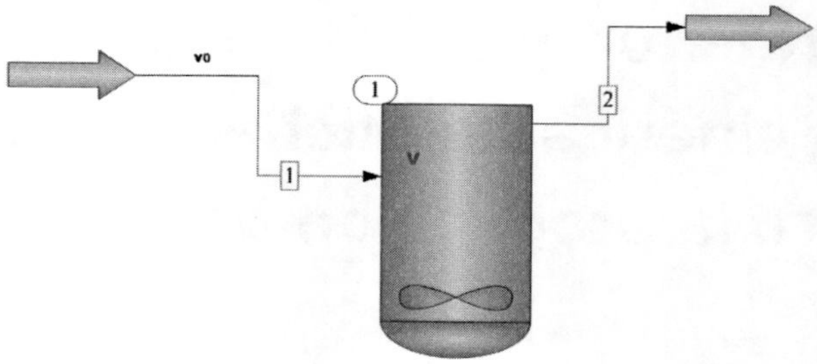

Es decir,

$$v_o \cdot C_{a0} - v_0 \cdot C_a = (-r_a) \cdot V$$

Expresando el cociente del volumen y caudal como tiempo de residencia, la ecuación anterior se puede expresar como sigue:

$$\tau = \frac{V}{v_0} = \frac{C_{a0} - C_a}{(-r_a)}$$

donde τ es el tiempo de residencia, V, el volumen del biorreactor, v_0, el caudal de entrada, C_{a0} y C_a, las concentraciones de reactivo a la entrada y salida del biorreactor y $(-r_a)$, la velocidad de desaparición del reactivo.

Si tenemos una cinética de Michaelis-Menten, como se indica en el enunciado, la anterior ecuación se transforma en:

$$\tau = \frac{V}{v_0} = \frac{(C_{a0} - C_a)(K_m + C_a)}{V_{max} \cdot C_a}$$

Sustituyendo ahora los datos expuestos en este problema, suponiendo que la densidad de la disolución de almidón es la del agua pura, se tiene que:

$$(36 \cdot 60)min = \frac{\left(400\left(\frac{g}{L}\right) - C_a\right)(0.6 + C_a)}{0.183\left(\frac{g}{L \cdot min}\right)C_a}$$

El resultado de despejar la expresión anterior resulta en una ecuación de segundo grado, que al resolverse ofrece un valor de C_a = **17.7 g/L.**

Finalmente, teniendo en cuenta la estequiometría del proceso (1.3 kg de azúcares por kg de almidón) se tiene que la producción de azúcares obtenidos en este proceso es:

$$Prod\ Azúcar = \frac{1.3(C_{a0} - C_a)V}{t} = \frac{1.3(400 - 17.7)\left(\frac{g}{L}\right)}{36\ (h)} 10000\ (L) = 138.1\left(\frac{kg}{h}\right)$$

Apartado B

Para este caso, el diseño del reactor cambia, y tal y como aparece en la imagen, se debe hacer un balance a un elemento diferencial del reactor de flujo pistón, en estado estacionario (sin término de acumulación).

Entra — Sale = Reacciona

$$v_0 \cdot C_a - v_0 \cdot (C_a - dC_a) = (-r_a) \cdot dV$$

Operando y separando variables, Al tratarse de un biorreactor de flujo pistón, su ecuación de diseño va a ser:

$$\frac{dV}{v_0} = \frac{dC_a}{(-r_a)}$$

Y ahora, integrando entre los extremos del reactor de flujo pistón, se puede calcular el tiempo espacial (τ)

$$\tau = \int_0^V \frac{dV}{v_0} = \int_{C_a}^{C_{a0}} \frac{dC_a}{(-r_a)}$$

Y para el caso particular de una cinética de Michaelis-Menten se tiene la siguiente expresión:

$$\tau = \int_{C_a}^{C_{a0}} \frac{(K_m + C_a)d\, C_a}{V_{max} C_a} = \frac{K_m}{V_{max}} Ln\left(\frac{C_{a0}}{C_a}\right) + \frac{C_{a0} - C_a}{V_{max}}$$

Dado que se desea alcanzar la misma conversión, la concentración de salida es la misma que en el apartado anterior y, por tanto, se tiene que:

$$\tau = \frac{V}{v_0} = \frac{0.6\left(\frac{g}{L}\right)}{0.183\left(\frac{g}{L \cdot min}\right)} Ln\left(\frac{400\left(\frac{g}{L}\right)}{17.7\left(\frac{g}{L}\right)}\right) + \frac{(400 - 17.7)\left(\frac{g}{L}\right)}{0.183\left(\frac{g}{L \cdot min}\right)} = 2099.29\ (min)$$

$$= 35\ (h)$$

Por tanto, al comparar los resultados de ambos apartados se observa cómo resulta más eficiente un reactor de flujo pistón, pues reduce en una hora el tiempo de residencia para alcanzar la misma conversión.

Problema 3.2

Biorreactor enzimático homogéneo con cinética de Michaelis-Menten para la clarificación de zumo de manzana

En la producción de zumo de manzana para obtener un producto clarificado se realiza una hidrólisis enzimática de las pectinas que contiene la fruta usándose una mezcla de pectinasas. Si este proceso se realiza en un biorreactor continuo de mezcla completa. Sabiendo que las constantes cinéticas son $K_m = 0.162\ g{\cdot}L^{-1}$ y $V_{max} = 0.083\ g{\cdot}L^{-1}{\cdot}min^{-1}$, la concentración de pectina en la alimentación es 5 $g{\cdot}L^{-1}$, la capacidad de producción de la planta es de 10000 L de zumo por hora y la concentración máxima de pectina a la salida debe ser de 0.2 g /L. Determinar:

A. El volumen del biorreactor necesario para el proceso.

B. Si en un momento dado, se trabaja con otra variedad de manzanas, y la concentración de pectina de partida, baja a 4 $g{\cdot}L^{-1}$, ¿cuánto aumentará la producción de la planta?

Apartado A

Planteamos el balance al reactor en continuo y tanque agitado, tal y como se hizo en el problema anterior:

Entra — Sale = Reacciona

Es decir,

$$v_o \cdot C_{a0} - v_0 \cdot C_a = (-r_a) \cdot V$$

Expresando el cociente del volumen y caudal como tiempo de residencia, la ecuación anterior se puede expresar como sigue:

$$\tau = \frac{V}{v_0} = \frac{(C_{a0} - C_a)(K_m + C_a)}{V_{max}\, C_a}$$

Sustituyendo los valores se tiene que el tiempo espacial requerido para este proceso es

$$\tau = \frac{V}{v_0} = \frac{(5 - 0.2)\left(\frac{g}{L}\right)(0.162 + 0.2)\left(\frac{g}{L}\right)}{0.083\left(\frac{g}{L \cdot min}\right) \cdot 0.2\left(\frac{g}{L}\right)} = 104.67\ (min)$$

y teniendo en cuenta que, en este caso, al tratarse de un líquido sin tratamiento posterior, la producción coincide con el caudal, se tiene que el volumen requerido es:

$$V = \frac{104.67\ (min)}{60\left(\frac{min}{h}\right)} \cdot 10000\left(\frac{L}{h}\right) = 17.45\ (m^3)$$

Apartado B

En este segundo apartado se pide que calculemos el nuevo caudal y sustituyendo en la misma ecuación de diseño se obtiene el nuevo tiempo espacial:

$$\tau = \frac{V}{v_0} = \frac{(4 - 0.2)\left(\frac{g}{L}\right)(0.162 + 0.2)\left(\frac{g}{L}\right)}{0.083\left(\frac{g}{L \cdot min}\right) \cdot 0.2\left(\frac{g}{L}\right)} = 82.87\ (min)$$

Como conocemos el volumen, que no cambia, podemos estimar el caudal.

$$v_0 = \frac{V}{\tau} = \frac{17.45\ (m^3)}{82.87\ (\text{min})} = 0{,}211\,\frac{(m^3)}{(\text{min})} = 12660\left(\frac{L}{h}\right)$$

Si ahora comparamos los resultados de ambos caudales, podemos ver el incremento de la producción.

$$\frac{12660\left(\frac{L}{h}\right)}{10000\left(\frac{L}{h}\right)} = 1.266$$

Por tanto, la producción aumenta en un 26,6 %.

Problema 3.3

Biorreactor enzimático homogéneo con recirculación para hidrólisis de lactosa

La β-galactosidasa (EC 3.2.1.23) es una enzima ampliamente utilizada tanto libre como inmovilizada para hidrolizar la lactosa de los alimentos y adecuarlos para el consumo de personas con intolerancia a este compuesto. En una instalación industrial se realiza la hidrólisis de la lactosa de una leche en un biorreactor tipo flujo pistón. Si el caudal a tratar es 100 L/min y la conversión requerida es del 90 %. Determinar:

A. El volumen del biorreactor de flujo pistón si la concentración inicial de lactosa en leche es 4.5 % w/w.

B. Si ahora se realiza la reacción en un biorreactor de flujo pistón con recirculación siendo R = 3, ¿cuál debe ser el tamaño del biorreactor para lograr la misma conversión y la misma producción? Definir todas las corrientes del sistema.

Datos: k_0 =77.45 mmol lactosa·min^{-1}·mg^{-1}; K_m = 1.74 mM; Pm Lactosa = 360.3 g·mol^{-1}; ρ_{leche}= 1030 Kg·m^{-3}; e_0 = 0.120 mg enzima·L^{-1}.

Como la reacción se produce en un flujo pistón (como se muestra en la imagen), y, por tanto, debemos hacer el balance a un elemento diferencial del mismo.

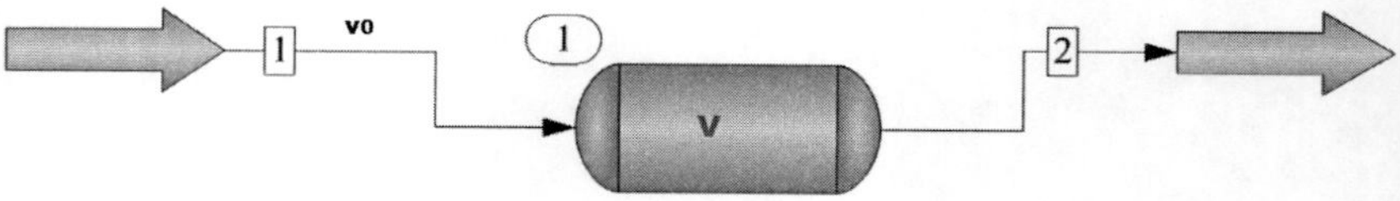

$$v_0 \cdot C_a - v_0 \cdot (C_a - dC_a) = (-r_a) \cdot dV$$

Siguiendo el mismo tratamiento que el realizado en el problema 3.1., usando igualmente una cinética de Michaelis-Menten, se obtiene que:

$$\tau = \frac{V}{v_0} = \int_{C_a}^{C_{a0}} \frac{(K_m + C_a)d\,C_a}{V_{max}C_a} = \frac{K_m}{V_{max}} Ln\left(\frac{C_{a0}}{C_a}\right) + \frac{C_{a0} - C_a}{V_{max}}$$

donde V_{max} puede expresarse como el producto de la constante catalítica de la enzima (k_0) y la concentración de enzima (e_0).

Por otra parte, para conseguir operar en las mismas unidades (molar), se debe convertir la concentración inicial de lactosa y desde ella, conociendo la conversión, estimar la concentración al final del reactor de flujo pistón:

$$C_{a0} = 4.5\ \%\frac{w}{w} = \frac{45\ g\ lactosa}{1000\ g\ leche} = 46.35\ \frac{g\ lactosa}{L\ leche} = 0.1286\ \frac{mol\ lactosa}{L\ leche}$$

$$C_a = C_{a0}(1 - X) = 0.1C_{a0} = 0.01286\ \frac{mol\ lactosa}{L\ leche}$$

Sustituyendo ahora en la ecuación de diseño se tiene que el tiempo espacial va a ser:

$$\tau = \frac{V}{v_0} = \frac{1.74 \cdot 10^{-3}\ (M)}{(0.07745 \cdot 0.12)\left(\frac{M}{min}\right)} Ln\left(\frac{0.1286\ (M)}{0.01286\ (M)}\right) + \frac{0.1286 - 0.01286\ (M)}{(0.07745 \cdot 0.12)\left(\frac{M}{min}\right)}$$
$$= 12.87\ (min)$$

Conociendo el caudal (100 L/min), nos resulta **un volumen de 1287 litros.**

Apartado B

El balance de materia al reactor de flujo pistón es el mismo, solamente que ahora, la entrada no es C_{a0} sino C_{a1}, fruto de la recirculación mencionada en el enunciado. De esta forma, el tiempo espacial puede definirse como sigue:

$$\tau = \frac{V}{v_1} = \int_{C_a}^{C_{a1}} \frac{(K_m + C_a)d\,C_a}{V_{max}C_a} = \frac{K_m}{V_{max}} Ln\left(\frac{C_{a1}}{C_a}\right) + \frac{C_{a1} - C_a}{V_{max}}$$

Donde, puedo expresar las corrientes en función de v_0 y la recirculación R, que se define:

$$R = \frac{v_2}{v_0}$$

De esta forma, sabiendo que v_1 es la contribución de v_0 y v_2:

$$v_1 = v_0 + v_2$$

$$v_1 = v_0(R+1) = 400\left(\frac{L}{min}\right);$$

$$v_2 = R \cdot v_o = 300\left(\frac{L}{min}\right)$$

Si ahora hacemos el balance al mezclador, nos resulta que:

$$v_0 \cdot C_{a0} + v_2 \cdot C_a = v_1 \cdot C_{a1}$$

Despejando aquí C_{a1}, sabiendo que la conversión ha de ser la misma (Ca se conserva, por tanto):

$$C_{a1} = \frac{v_0 \cdot C_{a0} + v_2 \cdot C_a}{v_1} = \frac{100\left(\frac{L}{\text{min}}\right) \cdot 0.1286\,(M) + 300\left(\frac{L}{min}\right) \cdot 0.01286(M)}{400\,(L/min)}$$

$$= 0{,}0418(M)$$

Sustituyendo los valores conocidos en la ecuación de diseño se calcula el volumen del reactor:

$$\frac{V}{v_1} = \frac{K_m}{V_{max}} Ln\left(\frac{C_{a1}}{C_a}\right) + \frac{C_{a1} - C_a}{V_{max}}$$

$$= \frac{1.74 \cdot 10^{-3}\,(M)}{(0.07745 \cdot 0.12)\left(\frac{M}{min}\right)} Ln\left(\frac{0.0418\,(M)}{0.01286\,(M)}\right) + \frac{0.0418 - 0.01286\,(M)}{(0.07745 \cdot 0.12)\left(\frac{M}{min}\right)}$$

$$= 3.334\ (\text{min})$$

Despejando el volumen desde el tiempo espacial, usando el caudal v_1 (400 L/min), nos resulta un **volumen** del nuevo reactor de **1333 L** (ligeramente superior a sin la recirculación).

Problema 3.4

Biorreactor enzimático homogéneo con cinética de inhibición

La D-aminoácido oxidasa (DAO) es una enzima que convierte el D-aminoácido en el cetoácido correspondiente. Si la alimentación contiene 1 $mol \cdot L^{-1}$ de D-leucina (estequiometría 1:1) Y se dispone de un biorreactor, de mezcla completa, de 2 L, determinar::

A. La producción de cetoácido en el biorreactor de mezcla completa continuo si se quiere tratar 3 $L \cdot h^{-1}$ de disolución de aminoácido, considerando que el proceso sigue una cinética de tipo Michaelis-Menten, cuyos parámetros son: K_m= 1.3 mM y V_{max}= 1 $M \cdot h^{-1}$.

B. La presencia del cetoácido provoca una inhibición no competitiva por producto cuya cinética es:

$$(-r_a) = \frac{k_0 \cdot e_0 \cdot C_a}{K_m + \left(1 + \frac{C_p}{K_i}\right) C_a}$$

donde K_m =1.3 mM, V_{max} = $k_0 \cdot e_0$ =1 $M \cdot h^{-1}$ y K_i= 0.2 M. Determinar la conversión en el mismo biorreactor de mezcla completa continuo si el caudal es 3 $L \cdot h^{-1}$. Comentar las diferencias obtenidas entre los resultados del apartado a) y b).

Apartado A

Se tiene un biorreactor de mezcla completa en continuo, y, por tanto, al hacer el balance de materia nos resulta:

$$v_o \cdot C_{a0} - v_0 \cdot C_a = (-r_a) \cdot V$$

Si se asume una cinética de Michaelis-Menten, la ecuación de diseño resulta en:

$$\tau = \frac{V}{v_0} = \frac{(C_{a0} - C_a)(K_m + C_a)}{V_{max}\, C_a}$$

Como se pide la producción, es necesario despejar desde ahí el valor de C_a, que se resuelve como una ecuación de segundo grado:

$$\tau \cdot V_{max} \cdot C_a = C_{a0} \cdot K_m + C_a(C_{a0} - K_m) - C_a^2$$

Sustituyendo los valores:

$$\frac{2\,(L)}{3\left(\frac{L}{h}\right)} \cdot 1\left(\frac{M}{h}\right) \cdot C_a = 1\,(M) \cdot 1.3 \cdot 10^{-3}(M) + C_a(1 - 1.3 \cdot 10^{-3}(M)) - C_a^2$$

Resulta una única solución viable de C_a, que es 0.33 M.

Considerando que la estequiometría del proceso es 1:1, la concentración de cetoácido a la salida del biorreactor será C_p = 0.667 M (lo mismo que lo consumido del aminoácido), y su producción se calcula multiplicando dicho valor por el caudal:

$$Pr = 0.667\,(M) \cdot 3\left(\frac{L}{h}\right) = 2\left(\frac{moles}{h}\right)$$

Apartado B

El balance de materia es el mismo que el realizado en el apartado a, sin embargo, se ve modificada la ecuación de diseño dado que la cinética es ahora una cinética de inhibición por producto, resultando:

$$\tau = \frac{V}{v_0} = \frac{C_{a0} - C_a}{(-r_a)} = \frac{(C_{a0} - C_a)\left[K_m + \left(1 + \frac{C_p}{K_i}\right) C_a\right]}{V_{max} \cdot C_a}$$

Por la estequiometría de la reacción se sabe que:

$$C_p = C_{a0} - C_a$$

Si se desarrollase la anterior ecuación resultaría una ecuación cúbica. A fin de que la resolución sea más sencilla, se puede suponer que $K_m << C_a$; y bajo estas condiciones, la ecuación queda reducida a:

$$\tau = \frac{V}{v_0} = \frac{\left(1 + \frac{(C_{a0} - C_a)}{K_i}\right)(C_{a0} - C_a)}{V_{max}}$$

De tal forma, que ahora resulta una ecuación de segundo grado, que tras sustituir los valores y resolverse se obtiene que la concentración de sustrato a la salida es:

$$\tau = \frac{2\ L}{3\ L/h} = \frac{\left(1 + \frac{(1 - C_a)}{0.2\ (M)}\right)(1 - C_a)}{1\ \left(\frac{M}{h}\right)}; C_a = 0.721\ (M)$$

Calculando la concentración a la salida de cetoácido, resulta en 0.279 M, y desde ella, con el caudal se calcula la producción de cetoácido:

$$Pr = C_p \cdot v_0 = 0.279 \cdot 3 \left(\frac{L}{h}\right) = 0.837 \left(\frac{moles}{h}\right)$$

En este caso, se puede ver que la producción decrece apreciablemente debido a la fuerte inhibición por producto que presenta esta reacción.

Problema 3.5

Selección y orden de biorreactores con cinética de Michaelis-Menten

Para la producción de bioetanol se requiere la hidrólisis de la materia prima en azúcares fermentables. Simplificando mucho el proceso se podría decir que existiría una primera etapa de hidrólisis del cereal (almidón) en maltosa (amilasa), y una segunda hidrólisis de maltosa en glucosa (maltasa). Se busca tratar una corriente inicial de 60 g/L de almidón (a un caudal de 2 litros por minuto) en dos reactores (uno por cada reacción enzimática) de 150 litros cada uno (uno de flujo pistón y otro mezcla completa).

Se busca obtener la mayor conversión de cereal en glucosa. Determine la mejor combinación de reactores, es decir, si la amilasa debe estar presente en el flujo pistón o en el mezcla completa (viceversa para la maltasa).

Datos: K_m (maltasa) = 23.5 $g{\cdot}L^{-1}$; K_m (amilasa) = 34.6 $g{\cdot}L^{-1}$; Vmax (maltasa) = 17.3 $g{\cdot}L^{-1}{\cdot}h^{-1}$; V_{max} (amilasa) = 12.8 $g{\cdot}L^{-1}{\cdot}h^{-1}$.

Debemos resolver el problema para las dos estrategias. La primera estrategia consiste en poner la amilasa en el reactor de flujo pistón y la maltasa en el reactor de mezcla completa. La segunda estrategia consiste en poner la amilasa en el reactor de mezcla completa y la maltasa en el reactor de flujo pistón. En la figura siguiente vienen esquematizadas las estrategias posibles:

ESTRATEGIA 1

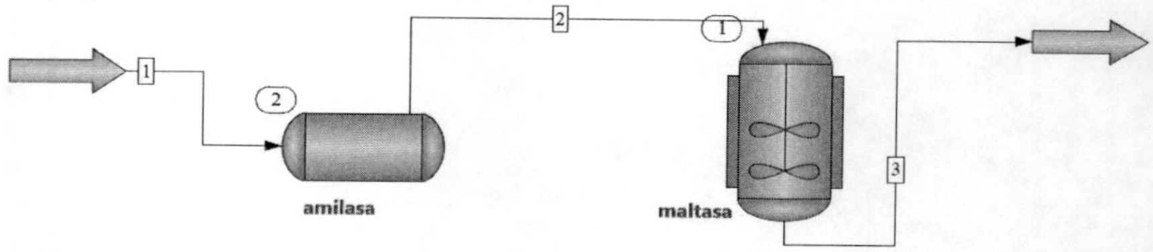

ESTRATEGIA 2

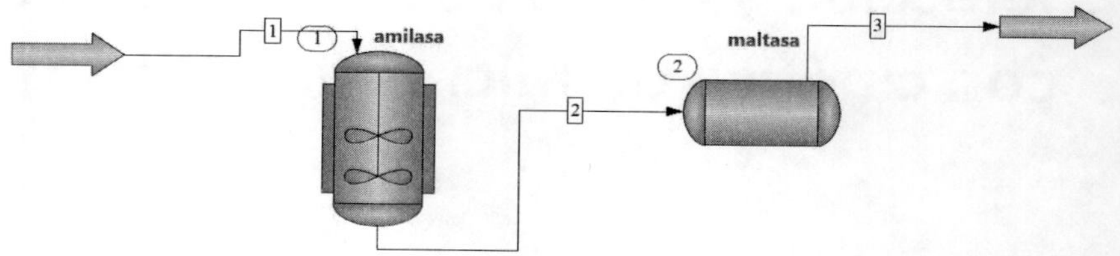

Primera estrategia: Flujo pistón seguido de mezcla completa

Planteando el balance al flujo pistón, como se hizo en problemas anteriores nos resulta que:

$$\tau = \frac{1}{V_{max}}\left[K_m \cdot \ln\left(\frac{C_{a0}}{C_a}\right) + C_{a0} - C_a\right]$$

Conocemos que la concentración inicial son 60 g/L, y los parámetros de Michaelis-Menten para la reacción de la amilasa. Sabemos igualmente el volumen (150 litros) y el caudal (120 litros por hora), por lo que podemos calcular el tiempo espacial τ.

$$\frac{150\ (L)}{120\ \left(\frac{L}{h}\right)} = \frac{1}{12.8\ \left(\frac{g}{L \cdot h}\right)}\left[34.6\left(\frac{g}{L}\right) \cdot \ln\left(\frac{60\left(\frac{g}{l}\right)}{C_a}\right) + 60\ \left(\frac{g}{L}\right) - C_a\right]$$

Resolviendo por iteración, queda una concentración de C_a = 50.2 g·L^{-1}.

Esta concentración es ahora, la concentración de entrada para el reactor de mezcla completa, que del balance de materia (resuelto también en problemas anteriores) se expresa como:

$$\tau = \frac{(C_{a0} - C_a) \cdot (K_m + C_a)}{V_{max} \cdot C_a}$$

Sustituyendo para los valores conocidos (reacción de la maltasa), nos queda una ecuación de segundo grado:

$$V_{max} \cdot \tau \cdot C_a = C_{a0} \cdot K_m + C_a(C_{a0} - K_m) - C_a^2$$

$$17.3\left(\frac{g}{L \cdot h}\right) \cdot 1.25(h) \cdot C_a = 50.2\left(\frac{g}{L}\right) \cdot 23.5\left(\frac{g}{L}\right) + C_a\left(50.2 - 23.5\left(\frac{g}{L}\right)\right) - C_a^2$$

La solución válida de concentración para esa ecuación resulta en C_a **= 36.98 g/L**

Por tanto, se obtiene una **conversión final del 38.4** %.

Segunda estrategia: Mezcla completa seguido de flujo pistón

En esta estrategia se comienza con el uso de la ecuación de diseño para un reactor de mezcla completa.

$$\tau = \frac{(C_{a0} - C_a) \cdot (K_m + C_a)}{V_{max} \cdot C_a}$$

Al operar:

$$V_{max} \cdot \tau \cdot C_a = C_{a0} \cdot K_m + C_a(C_{a0} - K_m) - C_a^2$$

Sustituyendo para los valores cinéticos de la amilasa:

$$12.8\left(\frac{g}{L \cdot h}\right) \cdot 1.25(h) \cdot C_a = 60\left(\frac{g}{L}\right) \cdot 34.6\left(\frac{g}{L}\right) + C_a\left(60 - 34.6\left(\frac{g}{L}\right)\right) - C_a^2$$

Al resolver la ecuación de segundo grado nos queda que la concentración de salida del reactor de mezcla completa es C_a = **50.5 g/L.**

Esa concentración, es la concentración de entrada al reactor de flujo pistón, que se expresa conforme a la ecuación de diseño como:

$$\tau = \frac{1}{V_{max}}\left[K_m \cdot \ln\left(\frac{C_{a0}}{C_a}\right) + C_{a0} - C_a\right]$$

Sustituyendo para los valores conocidos, con la cinética de la maltasa:

$$1.25\,(h) = \frac{1}{17.3\,\left(\frac{g}{L \cdot h}\right)}\left[23.5\left(\frac{g}{L}\right) \cdot \ln\left(\frac{60\left(\frac{g}{L}\right)}{C_a}\right) + 60\,\left(\frac{g}{L}\right) - C_a\right]$$

La resolución por iteración nos proporciona una concentración **C_a = 36.51 g·L^{-1}**. De esta forma, la **conversión** alcanzada es de **39.15 %.**

Por tanto, la segunda estrategia (mezcla completa seguido de flujo pistón) ofrece mejor resultado.

Problema 3.6

Selección y orden de biorreactores con cinética de co-inhibición por sustrato

Se dispone de dos biorreactores ideales: uno de mezcla completa y otro de flujo pistón; ambos de 1 L. En ellos se pretende realizar la reacción enzimática en fase homogénea

$$A + \text{Enzima} \rightarrow \text{B}$$

Dicha reacción viene descrita por la siguiente cinética de co-inhibición por sustrato:

$$(-r_a) = \frac{k_0 \cdot e_0 \cdot C_A}{(C_a + K_m)\left(1 + \frac{C_a}{K_i}\right)}$$

siendo $k_0 = 0.3$ g·UI^{-1}·min^{-1}; $e_0 = 2$ UI·L^{-1}; $K_m = 0.1$ g·L^{-1}; $K_i = 0.1$ g·L^{-1} y $C_{a0} = 3$ g·L^{-1}.

Si se pretende que la conversión lograda en los biorreactores sea del 75 %, determinar:

A. El caudal tratado cuando se opera con el biorreactor de flujo pistón.

B. El caudal tratado cuando se opera con el biorreactor de mezcla completa continuo. Comentar los resultados obtenidos en los apartados a) y b).

C. Para aumentar la producción se decide poner los dos biorreactores en serie. ¿Cuál de las combinaciones es más efectiva y cuánto caudal se trata en ella suponiendo que se quiere lograr la misma conversión?

Apartado A

Se está trabajando con un reactor de flujo pistón homogéneo, que por el balance de materia que se hizo en problemas anteriores, su ecuación de diseño va a ser:

$$\tau = \frac{V}{v_0} = \int_{C_a}^{C_{a0}} \frac{d\,C_a}{(-r_a)} = \int_{C_a}^{C_{a0}} \frac{(K_m + C_a)\left(1 + \frac{C_a}{K_i}\right)}{k_0 \cdot e_0 \cdot C_a} dC_a$$

$$= \int_{C_a}^{C_{a0}} \frac{K_m + \frac{K_m}{K_i} C_a + C_a + \frac{C_a^2}{K_i}}{k_0 \cdot e_0 \cdot C_a} dC_a$$

$$= \frac{K_m}{k_0\,e_0} Ln\left(\frac{C_{a0}}{C_a}\right) + \frac{1 + \frac{K_m}{K_i}}{k_0\,e_0} (C_{a0} - C_a) + \frac{(C_{a0}^2 - C_a^2)}{2\,k_0\,e_0\,K_i}$$

Se dispone de todos los valores, y, por tanto, se puede estimar el tiempo espacial, sabiendo que al tener una conversión del 75 %, el valor de C_a será de 0.75 g·L^{-1}.

$$\tau = \frac{0.1\left(\frac{g}{L}\right)}{0.3\left(\frac{g}{UI \cdot min}\right) \cdot 2\left(\frac{UI}{L}\right)} Ln\left(\frac{3}{0.75}\right) + \frac{1 + \frac{0.1\left(\frac{g}{L}\right)}{0.1\left(\frac{g}{L}\right)}}{0.3\left(\frac{g}{UI \cdot min}\right) \cdot 2\left(\frac{UI}{L}\right)} \left(3 - 0.75\left(\frac{g}{L}\right)\right)$$

$$+ \frac{(3^2 - 0.75^2)\left(\frac{g^2}{L^2}\right)}{2 \cdot 0.3\left(\frac{g}{UI \cdot min}\right) \cdot 2\left(\frac{UI}{L}\right) \cdot 0.1\left(\frac{g}{L}\right)} = 78.04\ (\text{min})$$

El resultado nos ofrece un valor de tiempo espacial de 78.04 min, del que podemos despejar el caudal porque conocemos el volumen (1 litro). De esta forma, resulta en un **caudal** de 0.0128 $L \cdot min^{-1}$, es decir **12.8 $mL \cdot min^{-1}$**. Ahora solo se deben sustituir los valores expuestos arriba, obteniendo un tiempo espacial de **78.04 min**.

Apartado B

Del balance al reactor de mezcla completa, planteado en problemas anteriores, se tiene que la ecuación de diseño es:

$$\tau = \frac{V}{v_0} = \frac{(C_{a0} - C_a)}{(-r_a)} = \frac{(C_{a0} - C_a)(K_m + C_a)\left(1 + \frac{C_a}{K_i}\right)}{k_0 \cdot e_0 \cdot C_a}$$

Sustituyendo los valores citados arriba, podemos calcular el tiempo de residencia del reactor:

$$\tau = \frac{V}{v_0} = \frac{\left(3 - 0.75\left(\frac{g}{L}\right)\right)\left(0.1 + 0.75\left(\frac{g}{L}\right)\right)\left(1 + \frac{0.75\left(\frac{g}{L}\right)}{0.1\left(\frac{g}{L}\right)}\right)}{0.3\left(\frac{g}{UI \cdot min}\right) \cdot 2\left(\frac{UI}{L}\right) \cdot 0.75\left(\frac{g}{L}\right)} = 36.13\ (min)$$

Por tanto, se tiene un tiempo de residencia para este biorreactor de **36.13 min**, que puede convertirse en **caudal** al conocer el volumen (1 litro), resultando en un valor de **27.68 $mL \cdot min^{-1}$**.

Como se puede ver el tiempo de residencia disminuye bastante con respecto al obtenido en el apartado a), esto es debido a que en un mezcla completa la concentración de sustrato siempre es más baja que un flujo pistón con lo cual el efecto de la inhibición también es menor.

Apartado c

Llegado a este punto, se va a analizar la combinación de los dos biorreactores asociados en serie. Y ahora, analizando cada uno de los casos se obtiene:

Opción 1: Mezcla completa - flujo pistón: Se plantean ambas ecuaciones de diseño, donde la concentración intermedia se denota como C_{a1}.

El sistema de ecuaciones sería el siguiente:

$$\tau = \frac{V}{v_0} = \frac{(C_{a0} - C_{a1})(K_m + C_{a1})\left(1 + \frac{C_{a1}}{K_i}\right)}{k_0 \cdot e_0 \cdot C_{a1}}$$

$$\tau = \frac{V}{v_0} = \frac{K_m}{k_0 \cdot e_0} Ln\left(\frac{C_{a1}}{C_a}\right) + \frac{1 + \frac{K_m}{K_i}}{k_0 \cdot e_0}(C_{a1} - C_a) + \frac{(C_{a1}^2 - C_a^2)}{2 \cdot k_0 \cdot e_0 \cdot K_i}$$

Como los volúmenes son iguales, y los caudales deben coincidir (para que no exista acumulaciones), los tiempos espaciales serán iguales y se pueden igualar ambas expresiones:

$$\frac{(C_{a0} - C_{a1})(K_m + C_{a1})\left(1 + \frac{C_{a1}}{K_i}\right)}{k_0 \cdot e_0 \cdot C_{a1}}$$

$$= \frac{K_m}{k_0 \cdot e_0} Ln\left(\frac{C_{a1}}{C_a}\right) + \frac{1 + \frac{K_m}{K_i}}{k_0 \cdot e_0}(C_{a1} - C_a) + \frac{(C_{a1}^2 - C_a^2)}{2 \cdot k_0 \cdot e_0 \cdot K_i}$$

Sacando factor común a k_0 y e_0, se puede simplificar la ecuación resultando en:

$$\frac{(C_{a0} - C_{a1})(K_m + C_{a1})\left(1 + \frac{C_{a1}}{K_i}\right)}{C_{a1}}$$

$$= K_m \cdot Ln\left(\frac{C_{a1}}{C_a}\right) + \left(1 + \frac{K_m}{K_i}\right) \cdot (C_{a1} - C_a) + \frac{(C_{a1}^2 - C_a^2)}{2 \cdot K_i}$$

Sustituyendo los valores, para conseguir la misma conversión (75 %):

$$\frac{(3 - C_{a1})(0.1 + C_{a1})\left(1 + \frac{C_{a1}}{0.1}\right)}{C_{a1}}$$

$$= 0.1 \cdot Ln\left(\frac{C_{a1}}{0.75}\right) + \left(1 + \frac{0.1}{0.1}\right) \cdot (C_{a1} - 0.75) + \frac{(C_{a1}^2 - 0.75)}{2 \cdot 0.1}$$

La ecuación anterior se resuelve iterando, y resulta un valor de la concentración entre ambos reactores de C_{a1} = **2.06 g·L⁻¹**. Con ese valor, se sustituye en cualquiera de las dos ecuaciones del sistema anteriormente planteadas, y se puede calcular el tiempo espacial:

$$\tau = \frac{(3 - 2.06)\left(\frac{g}{L}\right)(0.1 + 2.06)\left(\frac{g}{L}\right)\left(1 + \frac{2.06\left(\frac{g}{L}\right)}{0.1\left(\frac{g}{L}\right)}\right)}{0.3 \cdot 2\left(\frac{g}{L \cdot min}\right) \cdot 2.06\left(\frac{g}{L}\right)} = 35.38\ (min)$$

Con ese tiempo espacial se calcula el **caudal** a tratar y resulta en **28.26 mL·min⁻¹**. Como se puede ver, no hay un incremento considerable comparado a usar un mezcla completa exclusivamente, y, por tanto, no resulta atractiva esta alternativa.

Opción 2: Flujo pistón- Mezcla completa:

De la misma forma, se debe plantear un sistema con dos ecuaciones (una para cada reactor), tal y como aparece a continuación:

$$\tau = \frac{V}{v_0} = \frac{K_m}{k_0 \cdot e_0} Ln\left(\frac{C_{a0}}{C_{a1}}\right) + \frac{1 + \frac{K_m}{K_i}}{k_0 \cdot e_0}(C_{a0} - C_{a1}) + \frac{(C_{a0}^2 - C_{a1}^2)}{2 \cdot k_0 \cdot e_0 \cdot K_i}$$

$$\tau = \frac{V}{v_0} = \frac{(C_{a1} - C_a)(K_m + C_a)\left(1 + \frac{C_a}{K_i}\right)}{k_0 \cdot e_0 \cdot C_a}$$

donde C_{a1} es la concentración de reactivo que existe entre los biorreactores. Igual que en el caso anterior, el tiempo espacial debe coincidir, y, por tanto, se puede resolver el sistema por igualación.

Al resolver el sistema de ecuaciones, resulta en una concentración intermedia de C_{a1} = **2.44 g·L^{-1}**. Si sustituimos ese valor en cualquiera de las expresiones anteriores resulta un **tiempo espacial de** τ = **27.17 min** y un **caudal de 36.80 mL·min^{-1}**. En este caso, sí que se observa un incremento considerable en el caudal a tratar respecto a las opciones anteriores.

Problema 3.7

Selección y orden de biorreactores con dos sustratos

En nuestro poder se encuentran dos biorreactores; uno de ellos de flujo pistón y otro de mezcla completa. Con ellos se pretende realizar un proceso cuya estequiometría y velocidad de reacción son:

$$A + B \rightarrow R: \frac{d\,C_a}{dt} = -\,k \cdot C_a \cdot C_b$$

donde k = 0.15 $L \cdot mol^{-1} \cdot s^{-1}$. Si en el biorreactor entran concentraciones iguales de los reactivos A y B (C_{a0} = C_{b0} = 0.5 $mol \cdot L^{-1}$). Determinar:

A. El volumen de los biorreactores de flujo pistón y de mezcla completa si se quiere tratar un caudal de 240 $L \cdot min^{-1}$ logrando una conversión de 80 %.

B. Si el volumen de ambos biorreactores es el mismo; calcular dicho volumen si se colocan en serie sabiendo que se quiere tratar el mismo caudal y lograr la misma conversión que en el apartado anterior. Analizar las dos situaciones: colocando primero el de flujo pistón y después el de mezcla completa e inversamente. ¿Cuál es la mejor opción?

Apartado A

Se va a analizar primero el biorreactor de mezcla completa continuo, cuya ecuación de diseño va a ser la que se presenta a continuación, obtenida del balance de materia al reactor que se ha descrito en ejemplos anteriores:

$$\tau = \frac{V}{v_0} = \frac{C_{a0} - C_a}{(-r_a)} = \frac{C_{a0} - C_a}{k \cdot C_a \cdot C_b}$$

A diferencia de lo que sucedía en los problemas anteriores, en esta cinética se tienen dos reactivos con lo cual se deben relacionar las concentraciones de ambos mediante la estequiometría correspondiente. En este caso, nos queda tomando A como referencia:

$$C_b = C_{b0} - (C_{a0} - C_a)$$

Y en el caso particular de este problema como $C_{a0} = C_{b0}$, queda que $C_b = C_a$. Por lo tanto, para una conversión del 80 %, donde C_a = 0.1 mol·L^{-1}; sustituyendo en la ecuación de diseño resulta que:

$$\tau = \frac{V}{v_0} = \frac{C_{a0} - C_a}{k \cdot C_a^2} = \frac{(0.5 - 0.1)\left(\frac{mol}{L}\right)}{0.15\left(\frac{L}{mol \cdot s}\right)\left(0.1\left(\frac{mol}{L}\right)\right)^2} = 266.7\ (s)$$

Desde el tiempo de residencia, sabiendo que el caudal es de 240 L·min^{-1}, se calcula el volumen requerido que resulta en **V = 1066.7 L.**

Por otra parte, para el biorreactor de flujo pistón se tiene del balance de materia:

$$v_0 dC_a = (-r_a) \cdot dV$$

Y por la misma deducción anterior, se puede expresar la velocidad de reacción, solamente en función de A.

$$(-r_a) = k \cdot C_a \cdot C_b = k \cdot C_a^2$$

Llevando esto a la ecuación de diseño, e integrando para los límites de tiempo 0 y tiempo t, resulta en:

$$\tau = \frac{V}{v_0} = \int_{C_a}^{C_{a0}} \frac{dC_a}{k \cdot C_a^2} = \frac{1}{k}\left[\frac{1}{C_a} - \frac{1}{C_{a0}}\right]$$

Y sustituyendo los valores conocidos,

$$\tau = \frac{V}{v_0} = \frac{1}{k}\left[\frac{1}{C_a} - \frac{1}{C_{a0}}\right] = \frac{1}{0.15\left(\frac{L}{mol \cdot s}\right)}\left[\frac{1}{0.1\left(\frac{mol}{L}\right)} - \frac{1}{0.5\left(\frac{mol}{L}\right)}\right] = 53.33\ (s)$$

Se tiene, por tanto, que el tiempo espacial es **t = 53.33 s** y el volumen requerido es de **V = 213.3 L.**

Analizando los anteriores resultados se observa que para una cinética de orden dos es mucho mejor usar un biorreactor de flujo pistón que uno de mezcla completa.

Apartado B

Como se indica que tanto el volumen como el caudal tratado es el mismo en ambos biorreactores, esto supone que el tiempo espacial en cada uno de ellos es el mismo. Considerando las ecuaciones de diseño desarrolladas en el apartado anterior para cada una de las situaciones se pueden igualar ambas expresiones, para poder despejar el valor de la concentración de A entre ambos reactores (C_{a1}).

Primera combinación: Mezcla completa- Flujo pistón.

$$\tau = \frac{C_{a0} - C_{a1}}{k \cdot C_{a1}^2} = \frac{(0.5 - C_{a1})\left(\frac{mol}{L}\right)}{0.15\left(\frac{L}{mol \cdot s}\right)C_{a1}^2}$$

$$\tau = \frac{1}{k}\left[\frac{1}{C_a} - \frac{1}{C_{a1}}\right] = \frac{1}{0.15\left(\frac{L}{mol \cdot s}\right)}\left[\frac{1}{0.1\left(\frac{mol}{L}\right)} - \frac{1}{C_{a1}}\right]$$

Resolviendo el anterior sistema de ecuaciones se obtiene el valor de la concentración intermedia, y desde ahí, el tiempo espacial y el volumen de ambos reactores:

$$C_{a1} = 0.224\left(\frac{mol}{L}\right); \tau = 36.85\ (s)\ ; V = 147.4\ (L)$$

Segunda combinación: Flujo pistón - Mezcla completa.

$$\tau = \frac{1}{k}\left[\frac{1}{C_{a1}} - \frac{1}{C_{a0}}\right] = \frac{1}{0.15\left(\frac{L}{mol \cdot s}\right)}\left[\frac{1}{C_{a1}} - \frac{1}{0.5\left(\frac{mol}{L}\right)}\right]$$

$$\tau = \frac{C_{a1} - C_a}{k \cdot C_a^2} = \frac{(C_{a1} - 0.1)\left(\frac{mol}{L}\right)}{0.15\left(\frac{L}{mol \cdot s}\right)\left(0.1\left(\frac{mol}{L}\right)\right)^2}$$

Resolviendo el anterior sistema de ecuaciones se obtiene el valor de la concentración intermedia, y desde ahí, el tiempo espacial y el volumen de ambos reactores:

$$C_{a1} = 0.147\left(\frac{mol}{L}\right); \tau = 31.80\ (s)\ ; V = 127.2\ (L)$$

Como se puede observar, la segunda opción requiere de volúmenes más pequeños y tiene tiempos de residencia más bajos, considerándose más rentable.

Problema 3.8

Biorreactor en discontinuo con cinética de Michaelis-Menten y con desactivación enzimática

Se utiliza una enzima para poder producir un compuesto en la fabricación de una loción protectora contra el sol. La velocidad máxima de la enzima es 2.5 $mmol \cdot m^{-3} \cdot s^{-1}$ y la constante de Michaelis Menten es 8.9 mM. La concentración inicial de sustrato es 12 mM, en un reactor enzimático discontinuo. Calcular:

A. Tiempo necesario para obtener una conversión del 80 %.

B. La concentración de sustrato cuando hayan transcurrido 5 horas de reacción.

Apartado A

Si la enzima presenta una constante de desactivación de 0.14 h^{-1}, calcular de nuevo el tiempo necesario para obtener la conversión del 80 %.

Se tiene un reactor discontinuo, donde el balance de materia resulta:

Reacciona = Acumula

Por tanto:

$$(-r_a) = \frac{dC_a}{dt}$$

Separando variables e integrando entre C_{a0} y C_a nos queda que:

$$\int_0^t dt = \frac{1}{Vmax}\int_{C_a}^{C_{a0}} \left(\frac{K_m}{C_a} + 1\right) dC_a = \frac{1}{Vmax}\left[K_m \cdot \ln\left(\frac{C_{a0}}{C_a}\right) + C_{a0} - C_a\right]$$

Sustituyendo para una conversión del 80 % (C_a = 2.4 mM):

$$t = \frac{1}{2.5 \cdot 10^{-3}\left(\frac{mM}{s}\right)}\left[8.9(mM) \cdot \ln\left(\frac{12(mM)}{2.4(mM)}\right) + 12(mM) - 2.4(mM)\right] = 9570\ (s)$$

$$= 2.66\ (h)$$

El tiempo necesario sería de 2.66 horas.

Apartado B

Si se desea saber la concentración a las 5 horas, debe utilizarse la misma ecuación de diseño, y obtener por iteración el valor de C_a.

$$t = \frac{1}{2.5 \cdot 10^{-3}\left(\frac{mM}{s}\right)}\left[8.9\ (mM) \cdot \ln\left(\frac{12\ (mM)}{C_a}\right) + 12(mM) - C_a\right] = 18000\ (s)$$

Esto resulta en un valor de **C_a = 0.28 mM.**

Posteriormente se pide considerar la inactivación de la enzima con el tiempo, siguiendo una cinética de orden uno, con constante 0.14 h^{-1}. De esta forma, la velocidad máxima de la reacción, que depende de la concentración enzimática, va a ser función del tiempo.

$$V_{max}(t) = k_0 \cdot e(t)$$

Donde la concentración de enzima se expresa desde la ecuación diferencial:

$$\frac{de}{dt} = -k_d \cdot e$$

Integrada para tiempo t y el inicio de la reacción resulta que:

$$e = e_0 \cdot \exp(-k_d \cdot t)$$

De tal forma que la expresión de la velocidad máxima de la reacción es:

$$V_{max}(t) = k_0 \cdot e_0 \cdot \exp(-k_d \cdot t) = V_{max}^0 \cdot \exp(-k_d \cdot t)$$

Pudiendo expresar el producto de la constante catalítica y la concentración inicial de enzima como el valor de la velocidad máxima del apartado anterior, es decir, la que se da en el enunciado.

Se procede a integrar ahora de nuevo la ecuación de diseño del reactor discontinuo:

$$\int_0^t V_{max}^0 \cdot \exp(-k_d \cdot t)\, dt = \int_{C_a}^{C_{a0}} \left(\frac{K_m}{C_a} + 1\right) dC_a$$

$$V_{max}^0 \cdot \left(-\frac{1}{k_d}\right) \cdot [e^{-k_d \cdot t} - 1] = \left[K_m \cdot \ln\left(\frac{C_{a0}}{C_a}\right) + C_{a0} - C_a\right]$$

Despejando el término del tiempo de esa ecuación, y sustituyendo para los valores dados:

$$[e^{-k_d \cdot t} - 1] = -\frac{k_d}{V_{max}^0}\left[K_m \cdot \ln\left(\frac{C_{a0}}{C_a}\right) + C_{a0} - C_a\right]$$

$$= -\frac{3.88 \cdot 10^{-5} \left(\frac{1}{s}\right)}{2.5 \cdot 10^{-3} \left(\frac{mM}{s}\right)}\left[8.9\ (mM) \cdot \ln\left(\frac{12\ (mM)}{2.4\ (mM)}\right) + 12(mM) - 2.4(mM)\right] \rightarrow t = 3.32\ (h)$$

Despejando desde ahí, el valor del tiempo, resulta en un total de **t = 3.32 horas**. Se observa por tanto cómo la desactivación enzimática ha incrementado 40 minutos el tiempo para conseguir la misma conversión.

Capítulo 4

Enzimáticos heterogéneos

Problema 4.1

Biorreactor enzimático heterogéneo de flujo pistón, controlado por la transferencia de materia

En un biorreactor heterogéneo de flujo pistón se lleva a cabo una reacción enzimática. Se ha comprobado experimentalmente que el proceso está gobernado por la transferencia de materia externa. Sabiendo que el coeficiente de transporte de materia es $k_s = 4.3 \cdot 10^{-6}$ m/s. Determinar:

A. La cantidad de catalizador necesario para conseguir una conversión del 90 % siendo $C_{a0} = 1$ mol/L.

B. El volumen del biorreactor para conseguir esta conversión.

Datos: porosidad: 0.5, diámetro del reactor: 20 cm. Diámetro de partícula: 1mm, caudal de trabajo: 2 L/min; densidad de las partículas: 1600 Kg/m^3.

Tenemos un proceso controlado por la transferencia de materia externa, y en principio estamos ante un catalizador no poroso, y, por tanto, sin resistencias a la transferencia interna. Como el proceso está controlado por la transferencia externa, quiere decir que la velocidad de reacción es mucho mayor que la velocidad de transporte, y, por tanto, la velocidad global en el reactor heterogéneo se puede expresar solamente en función de ésta última:

$$(-r_a)_{het} = k_s a \cdot C_a$$

Planteamos el balance al reactor de flujo pistón, tal y como se muestra en la imagen adjunta:

Entra – Sale = Reacciona

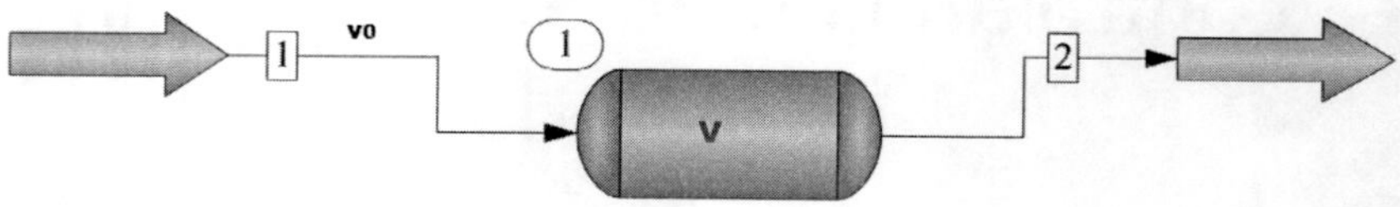

Es decir,

$$v_0 \cdot C_a - v_0 \cdot (C_a - dC_a) = (-r_a) \cdot dV$$

Separando variables, e integrando para los extremos del reactor de flujo pistón, nos queda:

$$\tau = \frac{V_L}{v_0} = \int_{C_a}^{C_{a0}} \frac{dC_a}{k_s a \cdot C_a} = \frac{1}{k_s a} Ln\left(\frac{C_{a0}}{C_a}\right)$$

Si se sustituyen los valores correspondientes, de una conversión del 90 % (C_a = 0.1 mol/L), se puede calcular el tiempo espacial del reactor, calculando previamente el coeficiente global de transferencia de materia:

$$k_s a = k_s \frac{6}{d_p} = 4.3 \cdot 10^{-6} \left(\frac{m}{s}\right) \frac{6}{10^{-3}\,(m)} = 0.0258\,(s^{-1})$$

Y con él, el tiempo espacial del reactor:

$$\tau = \frac{V_L}{v_0} = \frac{1}{0.0258\,(s^{-1})} Ln\left(\frac{1\left(\frac{mol}{L}\right)}{0.1\left(\frac{mol}{L}\right)}\right) = 89.2\,(s)$$

Conocido el caudal de trabajo, se despeja el volumen del líquido que hay en el reactor:

$$V_L = \tau \cdot v_0 = 89.2\ (s) \cdot 0.033\ \left(\frac{L}{s}\right) = 2.97\ (L)$$

Si el volumen de líquido del reactor es 2.97 litros, y la porosidad, indicada en el enunciado es de 0.5, hay el mismo volumen de soporte sólido. Como se conoce la densidad del soporte, se puede estimar la masa del mismo en el reactor:

$$V_{sol} \cdot \rho_{sol} = 0.00297\ (m^3) \cdot 1600\ \left(\frac{kg}{m^3}\right) = 4.76\ (kg)$$

Por tanto, **la masa de soporte en el reactor es de 4.76 kg y el volumen total del reactor es de 5.94 litros.**

Problema 4.2

Biorreactor enzimático heterogéneo de mezcla completa con soporte no poroso

Se desea usar un biorreactor heterogéneo de mezcla completa en continuo para llevar a cabo la siguiente reacción enzimática:

$$A + \text{Enzima} \rightarrow \text{Productos.}$$

La enzima está inmovilizada por adsorción sobre la superficie de un sólido no poroso.

Se quiere tratar una disolución de sustrato de 25 g/L. Determinar la conversión conseguida en el biorreactor heterogéneo si el volumen de líquido es 4 L, el caudal a tratar es de 4 L/min, la porosidad del medio, 0.93, el diámetro de las partículas 1 mm, su densidad 1150 kg/m^3 y la cantidad de enzima inmovilizada 0.05 UI/g soporte.

- Calcular la concentración en la superficie de las partículas
- ¿Qué predomina: la velocidad de transporte de materia o la cinética?

Datos: K_m = 0.001 mol/ L, k_0 = 5.0 mol sustrato/ UI h, k_s = 2.25 · 10^{-5} m s^{-1}, PM = 120 g/mol.

Tenemos un biorreactor de mezcla completa en continuo y en estado estacionario, y por tanto el balance de materia al reactor resulta en:

Entra — Sale = Reacciona

Que expresado matemáticamente es:

$$v_0 \cdot C_{a0} - v_0 \cdot C_{aL} = (-r_a)_{het} \cdot V$$

El enunciado indica que sigue una cinética de Michaelis-Menten, y, por tanto, el tiempo de residencia del reactor, despejando el balance se puede expresar como:

$$\tau = \frac{V_L}{v_0} = \frac{C_{a0} - C_{aL}}{(-r_a)_{het}} = \frac{(C_{a0} - C_{aL}) \cdot (K_m + C_{as})}{k_0 \cdot e_0 \cdot C_{as}}$$

donde V_L es el volumen de líquido que existe en el biorreactor, C_{aL} la concentración en el líquido que sale del reactor y C_{as} es la concentración de reactivo que va a existir sobre la superficie de la partícula. Sin embargo, esta concentración suele ser difícil de determinar experimentalmente y por esta razón debe convertirse la expresión de la velocidad de reacción en heterogéneo, para ser expresada en función de la concentración en el líquido (medible experimentalmente). El resultado matemático es la corrección de la constante de Michaelis por una nueva constante (K'), que es la suma de la constante cinética (K_m) y de la resistencia al transporte de materia externo:

$$K' = K_m + \frac{k_0 \cdot e_0}{k_s a}$$

De esta forma, ya se puede expresar la velocidad en el heterogéneo en función de la concentración en el líquido:

$$(-r_a)_{het} = k_0 \cdot e_0 \cdot \frac{C_{aL}}{K' + C_{aL}}$$

Usando la anterior expresión de la velocidad heterogénea, la ecuación de diseño se puede reescribir:

$$\tau = \frac{V_L}{v_0} = \frac{C_{a0} - C_{as}}{(-r_a)_{het}} = \frac{(C_{a0} - C_{aL})(K' + C_{aL})}{k_0 \cdot e_0 \cdot C_{aL}}$$

De la expresión anterior, son conocidos algunos parámetros como la concentración inicial, la constante catalítica de la enzima y el caudal. Igualmente, se pueden calcular, desde los datos del enunciado, el volumen del líquido, el coeficiente global de transferencia de materia y la concentración de la enzima, para terminar despejando el valor de C_{aL} y con él, estimar la conversión.

Se estima el volumen del líquido desde el volumen total:

$$V_L = \varepsilon \cdot V_{total} = 0.93 \cdot \ 4\,L = 3.72\,L$$

Y conocido el tamaño de la partícula, se calcula también el coeficiente global de transferencia de materia:

$$k_s a = \ k_s \frac{6}{d_p} = 2.25 \cdot 10^{-5} \left(\frac{m}{s}\right) \cdot \frac{6}{10^{-3}\,(m)} = 0.135(s^{-1}) = 8.1\ (min^{-1})$$

Y la concentración de enzima, que debe convertirse en unidades con el volumen del líquido, utilizando la definición de la porosidad y la densidad del soporte:

$$e_0 = 0.05 \left(\frac{UI}{g\ sopor}\right) = \ 0.05 \left(\frac{UI}{g\ sopor}\right) \frac{V_s}{V_L} \rho_s = 0.05 \left(\frac{UI}{g\ sopor}\right) \frac{1 - \varepsilon}{\varepsilon} \rho_s \ = 4.33\ \left(\frac{UI}{L}\right)$$

Se puede calcular desde ambos el valor de K':

$$K' = K_m + \frac{k_0 \cdot e_0}{k_s a} = 0.001\ (M) + \frac{5.0\ \left(\frac{mol}{UI \cdot h}\right) \cdot \left(\frac{1h}{60\ min}\right) \cdot 4.33\ \left(\frac{UI}{L}\right)}{8.1\ (\text{min}^{-1})}$$

$$= 0.0455\ (M)$$

Finalmente, la concentración inicial debe ser convertida a concentración molar, utilizando el peso molecular, para que sean consistentes las unidades en la ecuación de diseño. Al convertir 25 g/L resultan en 0.208 M. Con los valores calculados y sustituyendo ahora en la ecuación de diseño se tiene que la conversión del proceso es:

$$\tau = \frac{V_L}{v_0} = \frac{3.72\ (L)}{4\ (L/min)} = \frac{(0.2083\ (M) - C_{aL})(0.0455\ (M) + C_{aL})}{5.0\ \left(\frac{mol}{UI \cdot h}\right) \cdot \left(\frac{1h}{60\ min}\right) \cdot 4.33\ \left(\frac{UI}{L}\right) \cdot C_{aL}}$$

Despejando el valor de la concentración de A en el líquido, por iteración, nos resulta en:

$$C_{aL} = 0.0437 \left(\frac{mol}{L}\right);\ X_a = 79.0\ \%$$

Ahora se debe calcular la concentración en la superficie de la partícula, que se corresponde con esa concentración en el líquido. Para ello, se plantea el balance siguiente:

Difunde = reacciona

Que expresado matemáticamente resulta en:

$$k_s a \cdot (C_{aL} - C_{aS}) = (-r_a)_{het} = \frac{k_0 \cdot e_0 \cdot C_{aS}}{K_m + C_{as}}$$

Conocidos todos los parámetros de esta igualdad, se puede despejar la concentración en la superficie (C_{as}), resultando:

$$C_{aS} = 0.006 \left(\frac{mol}{L}\right)$$

Hay, por tanto, una diferencia considerable entre la concentración en el líquido y en la superficie de la partícula.

Resta responder a la pregunta sobre el fenómeno que controla el proceso. Se puede realizar usando cualquiera de los siguientes criterios:

1. *Mediante el número de Damköhller.*

   El número de Damköhler se define como el cociente entre la velocidad cinética y la velocidad de transporte de materia externo. Para el caso de una cinética de Michaelis-Menten se define como aparece en la ecuación siguiente,

$$Da = \frac{k_0 \cdot e_0}{k_s a \cdot K_m} = \frac{\left(\frac{5.0 \cdot 4.33}{60}\right)\left(\frac{mol}{L \cdot min}\right)}{8.1\ (min^{-1}) \cdot 0.001\ (mol/L)} = 44.54$$

El resultado ofrece un valor alto del número de Damköhller y, por tanto, el fenómeno que controla el proceso es la transferencia de materia.

2. *Mediante el cálculo de la eficacia del proceso.*

   La eficacia se define como el cociente de velocidades del reactor en homogéneo y en heterogéneo. Como las velocidades máximas son semejantes, se puede calcular conforme a la expresión siguiente:

$$\eta = \frac{(-r_a)_{het}}{(-r_a)_{hom}} = \frac{K_m + C_{aL}}{K' + C_{aL}} = \frac{0.001\ (M) + 0.0437(M)}{0.0455(M) + 0.0437(M)} = 0.501$$

   Se observa un valor bajo de eficacia del proceso, y, por tanto, se puede concluir que el proceso que controla es la transferencia externa de materia.

Problema 4.3

Comparación de reactores homogéneos y heterogéneos, de mezcla completa, con resistencia de transferencia de materia externa

Una reacción enzimática se lleva a cabo en un biorreactor continuo en estado estacionario siendo $V = 1$ L y $v_0 = 2$ L/min. Para comprobar su utilidad se realiza la siguiente experiencia: Se añaden 20 g de soporte con enzima inmovilizada ($e_0 = 0.7$ mg/g soporte) lográndose una conversión de 2/3 la del homogéneo y un factor de eficacia del 70 %. Considere cinética de Michaelis-Menten, y una concentración de enzima en el reactor homogéneo de 8 mg/L.

Determinar

- Concentración de salida del sustrato en el reactor heterogéneo.
- El coeficiente de transporte de materia ($k_s a$) para este biorreactor.

Datos; $K_m = 1$ mM; $k_0 = 0.1$ mol/min mg; $C_{a0} = 1$ mol/L, $\rho_{soporte} = 1150$ Kg/m^3

Realizando el balance al reactor en homogéneo, como se ha considerado en problemas anteriores, se obtiene que la ecuación de diseño es:

$$\tau = \frac{V}{v_0} = \frac{C_{a0} - C_a}{(-r_a)_{hom}} = \frac{(C_{a0} - C_a)(K_m + C_a)}{k_0 \cdot e_0 \cdot C_a}$$

Que puede expresarse en función de la conversión del homogéneo (X_{ho}), resultando:

$$\tau_{ho} = \frac{V}{v_0} = \frac{C_{a0} - C_a}{(-r_a)_{hom}} = \frac{(C_{a0}(X_{ho}))(K_m + C_{a0}(1 - X_{ho}))}{k_0 \cdot e_0 \cdot C_{a0}(1 - X_{ho})}$$
$$= \frac{(K_m + C_{a0}(1 - X_{ho})) \cdot X_{ho}}{k_0 \cdot e_0(1 - X_{ho})}$$

Igualmente, el mismo balance puede realizarse al reactor en heterogéneo, donde se debe considerar el volumen de líquido (corrección con el volumen que ocupan las partículas con la enzima inmovilizada), y sustituir la constante de Michaelis por la constante K'.

$$\tau_{he} = \frac{V_l}{v_0} = \frac{C_{a0} - C_a}{(-r_a)_{het}} = \frac{(C_{a0}(X_{he}))(K' + C_{a0}(1 - X_{he}))}{k_0 \cdot e_0 \cdot C_{a0}(1 - X_{he})}$$
$$= \frac{(K' + C_{a0}(1 - X_{he})) \cdot X_{he}}{k_0 \cdot e_0(1 - X_{he})}$$

Se pueden a continuación dividir ambas expresiones, para tratar de simplificar algunos términos:

$$\frac{\tau_{ho}}{\tau_{he}} = \frac{\frac{V}{v_0}}{\frac{V_l}{v_0}} = \frac{\frac{(K_m + C_{a0}(1 - X_{ho})) \cdot X_{ho}}{k_0 \cdot e_{0(ho)}(1 - X_{ho})}}{\frac{(K' + C_{a0}(1 - X_{he})) \cdot X_{he}}{k_0 \cdot e_{0(he)}(1 - X_{he})}}$$

Simplificando:

$$\frac{\tau_{ho}}{\tau_{he}} = \frac{\frac{V}{v_0}}{\frac{V_l}{v_0}} = \frac{\frac{(K_m + C_{a0}(1 - X_{ho})) \cdot X_{ho}}{k_0 \cdot e_{0(ho)}(1 - X_{ho})}}{\frac{(K' + C_{a0}(1 - X_{he})) \cdot X_{he}}{k_0 \cdot e_{0(he)}(1 - X_{he})}}$$

Se puede calcular el volumen que ocupa el líquido en el heterogéneo si se utiliza la densidad del soporte:

$$20\, g \frac{1\, L}{1150\, g} = 0.017\, (L)$$

Por tanto, el volumen de líquido resulta de restar ese valor a 1 litro, es decir: 0.983 L.

Igualmente, podemos calcular la concentración de enzima en el reactor heterogéneo que resulta:

$$e_{0(he)} = 0.7\left(\frac{mg}{gsop}\right)\cdot\frac{1150\ (gsop)}{1\ (L\ sop)}\cdot\frac{0.017\ (L\ sop)}{0.983\ (L\ liq)} = 13.92\left(\frac{mg}{L}\right)$$

Conociendo este valor, junto con la concentración de enzima en el homogéneo, sí que podemos dejar la ecuación solo en función de las conversiones y de K':

$$\frac{V\cdot e_{0(he)}}{V_l\cdot e_{0(ho)}} = \frac{\frac{(K_m + C_{a0}(1-X_{ho}))\cdot X_{ho}}{(1-X_{ho})}}{\frac{(K' + C_{a0}(1-X_{he}))\cdot X_{he}}{(1-X_{he})}} = \frac{1\ (L)\cdot 13.92\ \left(\frac{mg}{L}\right)}{0.983\ (L)\cdot 8\ \left(\frac{mg}{L}\right)} = 1.77$$

La conversión del heterogéneo podemos expresarla en función del homogéneo, de tal forma que, simplificamos la ecuación anterior:

$$\frac{\frac{(K_m + C_{a0}(1-X_{ho}))\cdot X_{ho}}{(1-X_{ho})}}{\frac{(K' + C_{a0}(1-0.66X_{ho}))\cdot 0.66X_{ho}}{(1-0.66X_{ho})}} = 1.77$$

$$= \frac{(K_m + C_{a0}(1-X_{ho}))\cdot(K' + C_{a0}(1-0.66X_{ho}))\cdot 0.66}{(1-X_{ho})(1-0.66X_{ho})}$$

Sustituyendo valores de concentración inicial y de Km nos queda:

$$\frac{(1.001 - X_{ho})\cdot(K' + 1 - 0.66X_{ho})\cdot 0.66}{(1-X_{ho})(1-0.66X_{ho})} = 1.77$$

Por otra parte, nos informa que el factor de eficacia externo es de 0.7, el cual se define, en función de las conversiones como sigue:

$$\eta = \frac{K_m + C_{a0}(1-X_{ho})}{K' + C_{a0}(1-X_{he})} = 0.7$$

Sustituyendo los valores conocidos, y expresando las conversiones una en función de la otra, podemos sacar una segunda ecuación:

$$0.7 = \frac{1.001 - X_{ho}}{K' - 0.66X_{ho}}$$

Tenemos, por tanto, un sistema de dos ecuaciones con dos incógnitas, desde el que podemos operar, despejando K' en la segunda, para sustituir en la primera. Al despejar K' resulta:

$$K' = 1.43 - 0.768 \cdot X_{ho}$$

Si sustituimos esta expresión en la anterior, y resolvemos como una ecuación de segundo grado (o por iteración), obtenemos una conversión en el reactor homogéneo de:

$$X_{ho} = 0.73$$

Con ese valor, calculamos, con la ecuación anterior, el valor de K', que resulta en:

$$K' = 0.869\ (M)$$

Desde ese valor, por la definición de K' se puede calcular el coeficiente global de transferencia de materia:

$$k_s a = \frac{k_0 \cdot e_{0(he)}}{K' - Km} = \frac{0.1 \left(\frac{mol}{min \cdot mg}\right) \cdot 13.92\ \left(\frac{mg}{L}\right)}{0.869\ (M) - 0.001\ (M)} = 1.604\ (min^{-1})$$

Por tanto, el coeficiente global de transferencia de materia, es de 1.6 min^{-1}.

Conocido esto, podemos calcular la concentración de salida, en el reactor heterogéneo, que determinaremos desde la conversión:

$$C_{aL} = C_{a0} \cdot (1 - X_{he}) = C_{a0} \cdot (1 - 0.66X_{ho}) = 1(M) \cdot (1 - 0.66 \cdot 0.73)$$
$$= 0.518\ (M)$$

Problema 4.4

Comparación de reactores homogéneos y heterogéneos, de flujo pistón, con resistencia de transferencia de materia externa

Se pretende realizar la siguiente reacción enzimática:

$$A + \text{Enzima} \rightarrow 2\ \text{B}$$

Esta reacción sigue una cinética de Michaelis — Menten donde K_m = 1.8 mM, k_0 = 0.3 mol/mg · min. Para realizarla se piensa la posibilidad de utilizar un reactor flujo pistón, con la enzima inmovilizada o libre. Para ambos casos, la cantidad de enzima es e_0 = 10 mg/L, la concentración inicial es 5 mol/L, el caudal 2L/min y el tiempo de residencia es 2 min, determinar:

- La conversión lograda en el reactor homogéneo.
- La conversión lograda en el reactor heterogéneo si se usan 100 gramos de soporte no poroso de diámetro de partícula 1 mm y densidad 1150 kg/m^3.

- El fenómeno que domina o controla la velocidad, en el caso del reactor heterogéneo.

Datos: k_s = 2.5 · 10^{-6} m/s, PM (A)= 120 g/mol.

Realizando el balance de materia a un reactor de flujo pistón en homogéneo, como se describió en el problema 3.1, la ecuación de diseño resulta en:

$$\tau = \frac{V}{v_0} = \int_{C_a}^{C_{a0}} \frac{dC_a}{(-r_a)} = \int_{C_a}^{C_{a0}} \frac{(K_m + C_a)dC_a}{k_0 \cdot e_0 \cdot C_a} = \frac{K_m}{k_0 \cdot e_0} Ln\left(\frac{C_{a0}}{C_a}\right) + \frac{C_{a0} - C_a}{k_0 \cdot e_0}$$

Se conocen todos los valores y se puede resolver por iteración, para calcular la concentración de salida del reactor:

$$\tau = 2\,min = \frac{0.0018}{0.3\left(\frac{mol}{mg \cdot min}\right) 10 \left(\frac{mg}{L}\right)} Ln\left(\frac{5}{C_a}\right) + \frac{5 - C_a}{0.3\left(\frac{mol}{mg \cdot min}\right) 10 \left(\frac{mg}{L}\right)};$$

$$C_a = 0\,mol/L$$

Es decir, la conversión en el reactor homogéneo es del 100 %.

A continuación, se debe modificar la ecuación, cuando consideramos el reactor heterogéneo, de tal forma que:

$$\tau = \frac{V}{v_0} = \int_{C_a}^{C_{a0}} \frac{dC_{aL}}{(-r_a)_{het}} = \int_{C_a}^{C_{a0}} \frac{(K' + C_{aL})dC_{aL}}{k_0 \cdot e_0 \cdot C_{aL}} = \frac{K'}{k_0 \cdot e_0} Ln\left(\frac{C_{a0}}{C_{aL}}\right) + \frac{C_{a0} - C_{aL}}{k_0 \cdot e_0}$$

Como las concentraciones de enzima y el tiempo de residencia se mantienen constantes según el enunciado, la única diferencia reside en el valor de K', que se puede calcular si se conoce el coeficiente global de transferencia de materia externa, que se determina como sigue:

$$k_s a = k_s \cdot \frac{6}{dp} = 2.5 \cdot 10^{-6} \left(\frac{m}{s}\right) \cdot \frac{6}{10^{-3}(m)} = 0.015\ (s^{-1})$$

De esta forma, K' resulta:

$$K' = K_m + \frac{k_0 \cdot e_0}{k_s a} = 0.0018\ (M) + \frac{0.3\left(\frac{mol}{mg \cdot min}\right)\left(\frac{1min}{60s}\right) \cdot 10\left(\frac{mg}{L}\right)}{0.015\ (s^{-1})} = 3.335\ (M)$$

Con este valor, podemos resolver por iteración, en la ecuación de diseño:

$$\tau = 2\ min = \frac{3.335\ (M)}{0.3\left(\frac{mol}{mg \cdot min}\right) 10\left(\frac{mg}{L}\right)}\ Ln\left(\frac{5}{C_a}\right) + \frac{5 - C_a}{0.3\left(\frac{mol}{mg \cdot min}\right) 10\left(\frac{mg}{L}\right)};$$

$$C_a = 2.01\ mol/L$$

Es decir, la conversión alcanzada en el reactor heterogéneo es del 60 %.

Finalmente, resta responder a la pregunta sobre el fenómeno que controla el proceso. Se puede estimar de dos formas:

1. *Mediante el número de Damköhller.*
   El número de Damköhler se define como el cociente entre la velocidad cinética y la velocidad de transporte de materia externo. Para el caso de una cinética de Michaelis-Menten se define como aparece en la ecuación siguiente, y sustituyendo para los valores conocidos:

$$Da = \frac{k_0 e_0}{k_s a \cdot K_m} = \frac{0.3\left(\frac{mol}{mg \cdot min}\right) \cdot \frac{1(min)}{60(s)} \cdot 10\left(\frac{mg}{L}\right)}{0.015\ (s^{-1}) \cdot 0.0018\ (mol/L)} = 1851$$

   El resultado ofrece un valor muy alto del número de Damköhller y, por tanto, el fenómeno que controla el proceso es la transferencia de materia.

2. *Mediante el cálculo de la eficacia del proceso.*
   La eficacia se define como el cociente de velocidades del reactor en homogéneo y en heterogéneo. Como las velocidades máximas son semejantes, se puede calcular conforme a la expresión siguiente:

$$\eta = \frac{(-r_a)_{het}}{(-r_a)_{hom}} = \frac{K_m + C_{aL}}{K' + C_{aL}} = \frac{0.0018(M) + 2.01(M)}{3.335(M) + 2.01(M)} = 0.376$$

Se observa un valor bajo de eficacia del proceso, y, por tanto, se puede concluir que el proceso que controla es la transferencia externa de materia.

Problema 4.5

Biorreactor continuo de mezcla completa con transporte en sentido inverso

En un trabajo científico se estudia la degradación de celulosa por medio de una mezcla de celulasa. Dichos estudios revelan que la estequiometría del proceso es:

$$A \text{ (sólido)} + \text{Enzima} \rightarrow 5\ \text{P (líquido)}$$

Siendo A, celulosa y P, monosacáridos o disacáridos, todos ellos solubles en agua.

A fin de estudiar la cinética del proceso, se realizan una serie de experiencias en un biorreactor continuo de mezcla completa de 2 L de volumen total. En una de ellas se añadieron partículas esféricas no porosas del compuesto A de 1mm de diámetro hasta que la porosidad del lecho fue 0.6 y sobre ellas se adsorbe la enzima en una cantidad de 0.001 mg enz/g soporte. Si como líquido entra agua pura con un caudal de 1 L/h y la cinética se supone que es del tipo Michaelis-Menten.

Determinar:

- La concentración de P en la superficie de las partículas.
- La concentración de P a la salida del biorreactor.

- El diámetro de partícula hasta el que hay que bajar para que la relación de las concentraciones de producto entre la fase líquida y la superficie sea al menos de 0.95, es decir, que se suponga que no va a existir transporte de materia. Comenta los resultados obtenidos.

Datos: K_m = 0.01 mol/L, k_0 = 0.05 mol sustrato/mg_{enz} · h, $k_{s,p}$ = 2.0 · 10^{-7} m/s; $\rho_{soporte}$ = 1500 kg/m^3.

El problema que se presenta, es diferente de los anteriores, el sustrato es el propio soporte donde ocurre la reacción. Lo que difunde en este caso no es el sustrato sino el producto, y, por tanto, el balance se realiza a ese compuesto, de tal forma que:

$$Difunde = reacciona$$
$$k_s a\left(C_{p,s} - C_{p,l}\right) = r_p$$

donde $k_s a$ es el coeficiente global de transferencia de materia para el producto; $C_{p,s}$ y $C_{p,l}$ son, respectivamente las concentraciones del producto en la fase sólida y líquida y r_p, la velocidad de formación del producto.

Mediante el uso de la estequiometría del proceso se debe relacionar la velocidad de consumo de reactivo con la velocidad de formación del producto, es decir:

$$r_p = 5\,(-r_a) = 5 \cdot k_0 \cdot e_0 \frac{C_{a,s}}{K_m + C_{a,s}}$$

donde $C_{a,s}$ representa la concentración de celulosa sobre la superficie de las partículas. El principal problema de la ecuación anterior es conocer cuál es la concentración de celulosa sobre la superficie de la partícula.

Sin embargo, en una primera aproximación no sería necesario, ya que se puede asumir que la cantidad de celulosa que presenta nuestra partícula es alta y, por tanto, la velocidad de reacción se aproximará a la velocidad máxima, expresándolo por tanto como:

$$r_p = 5\,(-r_a) = 5 \cdot k_0 \cdot e_0$$

Sustituyendo esto en el balance anterior nos queda:

$$k_{s,p}a\left(C_{p,s} - C_{p,l}\right) = 5 \cdot k_0 \cdot e_0$$

Se conocen todos los valores a excepción de las dos concentraciones de producto (en superficie y en líquido), y, por tanto, se despeja para calcular dicha diferencia:

$$\begin{aligned}\left(C_{p,s} - C_{p,l}\right) &= \frac{5k_0e_0}{k_{s,p}a}\\ &= \frac{5 \cdot 0.05\left(\frac{mol}{mg \cdot h}\right)\left(\frac{1h}{3600\ s}\right) \cdot 0.001\left(\frac{mg}{g\ sop}\right) \cdot 1500\ \left(\frac{g\ sop}{L\ sop}\right) \cdot \frac{0.4\ (L\ sop)}{0.6\ (L\ liq)}}{2 \cdot 10^{-7}\left(\frac{m}{s}\right) \cdot \frac{6}{0.001(m)}}\\ &= 5.78 \cdot 10^{-2}\ \left(\frac{mol}{L}\right)\end{aligned}$$

Se observa que no es una diferencia muy grande entre el valor en la superficie y el valor en el líquido. Para poder calcular la concentración en el líquido se debe hacer el balance al producto en el reactor de mezcla completa en continuo:

Entra — Sale = Reacciona

En este caso, no está entrando producto al reactor, y tampoco acumula. Por tanto, lo que reacciona es lo que sale:

$$v_0 \cdot C_{p,l} = r_p \cdot V_L$$

De tal forma que podemos calcular la concentración, si calculamos previamente el volumen de líquido (corrigiendo el volumen total por la porosidad).

$$\begin{aligned}C_{p,l} = r_p\frac{V_L}{v_0} &= 5\ k_0 \cdot e_0\frac{\varepsilon \cdot V_T}{v_0}\\ &= 5\frac{0.05\left(\frac{mol}{mg \cdot h}\right) \cdot 0.001\left(\frac{mg}{g\ sop}\right) \cdot 1500\ \left(\frac{g\ sop}{L\ sop}\right) \cdot \frac{0.4\ (L\ sop)}{0.6\ (L\ liq)} \cdot 0{,}6 \cdot 2\ (L)}{1\left(\frac{L}{h}\right)}\\ &= 0.3\ \left(\frac{mol}{L}\right)\end{aligned}$$

Por tanto, podemos calcular la concentración en la superficie, conocida la diferencia entre ambas.

$$C_{p,s} = 0.358 \left(\frac{mol}{L}\right)$$

Así pues, la relación entre ambas concentraciones va a ser:

$$\frac{C_{p,l}}{C_{p,s}} = 0.838$$

El último apartado pregunta por el diámetro de partícula para el que la relación anterior sea de 0.95.

$$\frac{C_{p,l}}{C_{p,s}} \geq 0.95$$

Si el resto de los parámetros se conservan constantes (porosidad, caudal, agitación, y cantidad de enzima inmovilizada), excepto el tamaño de la partícula, entonces, por la ecuación del balance de materia, se tiene que $C_{p\ L}$ es constante y sigue valiendo 0.3 mol/L. Utilizando la igualdad anterior, el valor de la concentración en la superficie resultará, al menos, del valor de dividir dicha concentración entre 0.95 (relación de concentraciones) que queda:

$$C_{p,s} \leq 0.316 \left(\frac{mol}{L}\right)$$

Conocidas ambas concentraciones, se puede sustituir en el balance de la difusión a la capa límite

$$k_{p,s} \cdot \frac{6}{d_p} \left(C_{p,s} - C_{p,l}\right) = 5 \cdot k_0 \cdot e_0;$$

Si se despeja el diámetro de la partícula desde ahí:

$$d_p = \frac{6}{5} k_{p,s} \frac{C_{p,s} - C_{p,l}}{k_0 \cdot e_0}$$

$$= \frac{6}{5} 2 \cdot 10^{-7} \left(\frac{m}{s}\right) \cdot \frac{0.316 \left(\frac{mol}{L}\right) - 0.300 \left(\frac{mol}{L}\right)}{0.05 \left(\frac{mol}{mg \cdot h}\right) \cdot \left(\frac{1h}{3600\ s}\right) 0.001 \left(\frac{mg}{g\ sop}\right) \cdot 1500 \left(\frac{g\ sop}{L\ sop}\right) \cdot \frac{0.4\ (L\ sop)}{0.6\ (L\ liq)}}$$

$$d_p = 2.76 \cdot 10^{-4}\ (m)$$

Como mínimo, se deberá cumplir ese diámetro (0.276 mm), lo que supone reducir el tamaño casi 4 veces.

Problema 4.6

Biorreactor heterogéneo con la determinación del coeficiente de transporte por correlaciones semiempíricas de números adimensionales

En un reactor de flujo pistón empaquetado, se lleva a cabo una reacción enzimática con K_M de 0.01 mol/L, K_0 de 50 mol/kg catalizador · h. El coeficiente de difusión del sustrato es $6 \cdot 10^{-8}$ m^2/s y la porosidad del lecho 0.5. (considere que el catalizador no es poroso).

El diámetro del reactor son 10 cm, su longitud 40 cm y el caudal a tratar 5 L por minuto. El diámetro de la partícula es 0.1 mm y la densidad de la partícula 1600 kg/m^3. Partiendo de una concentración inicial de sustrato de 1 mol/L, sabiendo que se van a inmovilizar 0.01 gramos de enzima por gramo de soporte. Calcule la concentración de salida del reactor, y la concentración en la superficie del soporte en el centro del reactor. ¿Qué proceso predomina, la cinética o la transferencia de materia?

Correlación semiempírica a utilizar: $Sh = 0.95 \cdot Re_p^{1/2} \cdot Sc^{1/3}$ (considerar el fluido agua).

En esta ocasión, el coeficiente global de transporte de materia se estima desde el número de Sherwood. Para ello, se deben conocer los otros dos números adimensionales: Reynolds de partícula y número de Schmidt.

Para el Reynolds de partícula, se debe conocer la velocidad, que se calcula desde el caudal y la sección transversal del reactor de flujo pistón:

$$v_s = \frac{Q}{A} = \frac{5\left(\frac{dm^3}{min}\right)}{\pi \cdot 0.5^2(dm^2)} = 6.4\left(\frac{dm}{min}\right) = 1.06\left(\frac{m}{s}\right)$$

Conocido ese valor, calculamos el Reynolds de partícula, considerando densidad y viscosidad del agua:

$$Re_p = \frac{\rho \cdot v_s \cdot d_p}{\mu} = \frac{1000\left(\frac{kg}{m^3}\right) \cdot 1.06\left(\frac{m}{s}\right) \cdot 0.1 \cdot 10^{-3}(m)}{10^{-3}\left(\frac{kg}{m \cdot s}\right)} = 106$$

Como el valor es superior a 64, se considera que el régimen es turbulento.

Calculando el número de Schmidt:

$$Sc = \frac{\mu}{\rho \cdot D_a} = \frac{10^{-3}\left(\frac{kg}{m \cdot s}\right)}{1000\left(\frac{kg}{m^3}\right) \cdot 6 \cdot 10^{-8}\left(\frac{m^2}{s}\right)} = 16.7$$

Con los números adimensionales, se calcula por la correlación del enunciado, el número de Sherwood.

$$Sh = 0.95 \cdot \sqrt{Re_p}\sqrt[3]{Sc} = 24.92$$

La definición de este número, nos permite calcular el valor de k_s.

$$Sh = \frac{k_s \cdot d_p}{D_a} \rightarrow k_s = \frac{Sh \cdot D_a}{d_p} = \frac{24.92 \cdot 6 \cdot 10^{-8}\left(\frac{m^2}{s}\right)}{0.1 \cdot 10^{-3}(m)} = 0.015\left(\frac{m}{s}\right)$$

Al ser un soporte esférico, calculamos el coeficiente global ($k_s a$) de la siguiente forma:

$$k_s a = k_s \cdot \frac{6}{d_p} = 0.015\left(\frac{m}{s}\right) \cdot \frac{6}{0.1 \cdot 10^{-3}(m)} = 900\,(s^{-1})$$

Una vez obtenido este valor, y conociendo la ecuación de diseño de un flujo pistón heterogéneo (en problemas anteriores demostrada):

$$\tau = \frac{V_l}{v_0} = \int_{C_a}^{C_{a0}} \frac{dC_{aL}}{(-r_a)_{het}} = \int_{C_a}^{C_{a0}} \frac{(K' + C_{aL})dC_{aL}}{k_0 \cdot e_0 \cdot C_{aL}} = \frac{K'}{k_0 \cdot e_0} Ln\left(\frac{C_{a0}}{C_{aL}}\right) + \frac{C_{a0} - C_{aL}}{k_0 \cdot e_0}$$

Se debe calcular el valor de la concentración de enzima (relativizando sobre el volumen de líquido), y calcular el valor de K'.

$$e_0 = 0.01\left(\frac{g\ enz}{g\ sop}\right) \cdot 1600\left(\frac{g\ sop}{L\ sop}\right) \cdot \frac{0.5}{0.5}\left(\frac{L\ sop}{L\ liq}\right) = 16\left(\frac{g\ enz}{L\ liq}\right)$$

$$K' = K_m + \frac{k_0 \cdot e_0}{k_s a} = 0.01\left(\frac{mol}{L}\right) + \frac{50\left(\frac{mol}{kg\ enz \cdot h}\right) \cdot \frac{1}{10^3}\left(\frac{kg\ enz}{g\ enz}\right) \cdot \frac{1}{3600}\left(\frac{h}{s}\right) \cdot 16\left(\frac{g\ enz}{L}\right)}{900\,(s^{-1})}$$

$$= 0.01\left(\frac{mol}{L}\right)$$

Finalmente, hay que calcular el volumen del líquido del reactor, porque va corregido por la porosidad. El volumen total se calcula, según las dimensiones, con la geometría de un cilindro:

$$V_r = \pi \cdot r^2 \cdot L = \pi \cdot 0.05^2(dm^2) \cdot 4(dm) = 3.14\,(dm^3)$$

$$V_l = \varepsilon \cdot V_r = 0.5 \cdot 3.14(L) = 1.57\,(L)$$

Sustituyendo en la ecuación de diseño:

$$\tau = \frac{V_l}{v_0} = \frac{1}{k_0 e_0}\left[K' \cdot Ln\left(\frac{C_{a0}}{C_{aL}}\right) + C_{a0} - C_{aL}\right]$$

$$\frac{1.57(L)}{5\left(\frac{L}{h}\right)} = \frac{1}{50\left(\frac{mol}{kg\ enz \cdot h}\right) \cdot \frac{1}{10^3}\left(\frac{kg\ enz}{g\ enz}\right) \cdot 16\left(\frac{g\ enz}{L}\right)}\left[0.01\left(\frac{\mathrm{mol}}{\mathrm{L}}\right) \cdot \ln\left(\frac{C_{aL}}{1\left(\frac{mol}{L}\right)}\right) + 1\left(\frac{mol}{L}\right) - C_{aL}\right]$$

Donde se puede despejar el valor de la concentración en el líquido, por iteración resultando:

$$C_{aL} = 0.99\left(\frac{mol}{L}\right)$$

Es decir, solamente se habría convertido el 1 %, puesto que las condiciones de diseño son de un caudal muy rápido que no permite un tiempo de residencia suficiente como para que se produzca una catálisis importante.

Para la segunda pregunta del problema: En el centro del reactor, la conversión será la mitad que, en el extremo, y, por tanto, la concentración en el líquido será la intermedia, es decir: 0.995 (M).

Se realiza el balance a la capa límite: lo que difunde es lo que reacciona, que expresado matemáticamente es:

$$k_s a \cdot (C_{aL} - C_{aS}) = (-r_a)_{het} = \frac{k_0 \cdot e_0 \cdot C_{aS}}{K_m + C_{as}}$$

Conocidos todos los parámetros de la igualdad, a excepción de la concentración en la superficie, se despeja por iteración:

$$900\left(\frac{1}{s}\right) \cdot (0.995 - C_{aS})(M) = \frac{50\left(\frac{mol}{kg\ enz \cdot h}\right) \cdot \frac{1}{10^3}\left(\frac{kg\ enz}{g\ enz}\right) \cdot \frac{1}{3600}\left(\frac{h}{s}\right) \cdot 16\left(\frac{g\ enz}{L}\right) \cdot C_{as}}{0.01\ (M) + C_{aS}}$$

$$C_{aS} = 0.995\ (M)$$

No hay ningún problema de difusión y la transferencia de materia es despreciable. Todo el proceso está controlado por la cinética de la reacción enzimática.

Problema 4.7

Biorreactor discontinuo heterogéneo con transferencia de materia interna

La invertasa cataliza la hidrólisis de la sacarosa en glucosa y fructosa. Se inmoviliza esta enzima en soportes porosos de 1 mm de diámetro a una concentración de 0.05 kg/m^3 de soporte. Se añaden 25 mL de estos soportes en un reactor discontinuo de volumen total 75 mL que contiene una disolución de sacarosa en concentración 26 mM. ¿Cuánto tiempo de reacción es necesario para consumir el 90 % del sustrato? (desprecie la transferencia externa).

Datos: K_M: 8.2 mM, K_0: 3 mmol/(g_{enz} · s). D_{ef} (sacarosa): 3 · 10^{-6} cm^2/s.

Se informa de un proceso donde el soporte es poroso, y, por tanto, hay fenómeno de transferencia de materia interna, dentro del soporte. Nos informa que la transferencia externa es despreciable, y, por tanto, la concentración en el líquido es equiparable a la de la superficie del soporte.

Se tiene un reactor discontinuo, donde el balance de materia iguala lo que reacciona a lo que acumula. Expresado matemáticamente resulta:

$$-\frac{dC_a}{dt} = (-r_a)_i$$

La velocidad de reacción del heterogéneo (como velocidad en el interior del soporte) se puede relativizar respecto a la velocidad en la superficie a través del factor de eficacia interno:

$$(-r_a)_i = \eta_i \cdot (-r_a)_s = \eta_i \cdot \frac{k_0 \cdot e_0 \cdot C_{as}}{K_m + C_{as}}$$

Si sustituimos esta expresión en la ecuación diferencial (asumiendo que Ca = Cas porque no hay transferencia de materia externa), y separamos variables e integramos:

$$\frac{dC_{as}}{dt} = \eta_i \cdot \frac{k_0 \cdot e_0 \cdot C_{as}}{K_m + C_{as}} \rightarrow \int_0^t dt = \int_{C_a}^{C_{ao}} \frac{1}{\eta_i \cdot k_0 \cdot e_0} \cdot \frac{K_m + C_{as}}{C_{as}} dC_{as}$$
$$\rightarrow t = \frac{1}{\eta_i \cdot k_0 \cdot e_0} \cdot \left[K_m \cdot \ln\left(\frac{C_{a0}}{C_{as}}\right) + C_{a0} - C_{as}\right]$$

Sería necesario relativizar la concentración de enzima, en litros de líquido, para poder operar en la ecuación, de tal forma que:

$$e_0 = 0.05 \left(\frac{g\ enz}{L\ sop}\right) \cdot \frac{25\ (L\ sop)}{50\ (L\ liq)} = 0.025\ \left(\frac{g\ enz}{L\ liq}\right)$$

Y es necesario, igualmente, calcular el factor de eficacia interno (η_i), que se calcula desde el módulo de Thiele (Φ), que para una cinética de Michaelis-Menten y una esfera es de forma simplificada:

$$\Phi = \frac{1}{a} \sqrt{\frac{k_0 \cdot e_0}{K_m \cdot D_{eff(a)}}}$$

Conocidos todos los valores, se calcula el módulo de Thiele:

$$\Phi = \frac{0.1(cm)}{6} \sqrt{\frac{3\left(\frac{mmol}{g\ enz \cdot s}\right) \cdot 0.025\ \left(\frac{genz}{Lliq}\right)}{8.2\ (mM) \cdot 3 \cdot 10^{-6} \left(\frac{cm^2}{s}\right)}} = 0.65$$

No es un valor muy alto del módulo de Thiele, pero sí suficiente como para no otorgar el valor de 1 al factor de eficacia interno, que debe calcularse, para una esfera, conforme a la ecuación siguiente:

$$\eta_i = \frac{3}{\Phi}\left[\frac{1}{\tanh(\Phi)} - \frac{1}{\Phi}\right] = \frac{3}{0.65}\left[\frac{1}{\tanh(0.65)} - \frac{1}{0.65}\right] = 0.97$$

Finalmente, el enunciado avisa de una conversión del 90 %, y, por tanto, si la concentración de entrada son 26 mM, la concentración de salida (que es la misma que la de la superficie del soporte) será de 2.6 mM. De esta forma, se estima el tiempo:

$$t = \frac{1}{\eta_i \cdot k_0 \cdot e_0} \cdot \left[K_m \cdot \ln\left(\frac{C_{a0}}{C_{aS}}\right) + C_{a0} - C_{aS}\right] =$$

$$\frac{1}{0.97 \cdot 3\left(\frac{mmol}{g\ enz \cdot s}\right) \cdot 0.025\ \left(\frac{genz}{Lliq}\right)} \cdot \left[8.2(mM) \cdot \ln\left(\frac{26}{2.6}\right) + 26(mM) - 2.6(mM)\right] = 581\ (s)$$

El tiempo empleado para conseguir esa conversión sería de 581 s, es decir, 9.7 minutos.

Problema 4.8

Biorreactor enzimático heterogéneo de membrana con transferencia de materia interna

La glucoamilasa obtenida desde *B. subtilis* es capaz de degradar maltotriosa. Se diseña un biorreactor de membrana, donde la enzima es inmovilizada en dicha membrana, de espesor 4 cm, en concentración de 0.03 g/m^3. El reactor (de 100 L) se mantiene bien agitado, despreciando los efectos de la transferencia externa de materia, con una concentración constante de maltotriosa de 3 g/L. Calcule el flujo másico de entrada al reactor, sabiendo que la membrana ocupa un 10 % de su volumen, y la corriente de entrada trae 6 g/L de maltotriosa.

Datos: K_0: 1 g/(g_{enz} · h) K_M: 0.4 g/L, $D_{ef(maltr):}$ 8.7 · 10^{-10} m^2/s.

Se tiene un tanque agitado, donde el volumen de líquido es 90 litros (porque el soporte sólido, según el enunciado, ocupa el 10 % del volumen total). Se debe realizar, por tanto, el balance al reactor de mezcla perfecta en continuo y en estado estacionario.

Entra — Sale = Reacciona

$$v_0 \cdot C_{aL0} - v_o \cdot C_{aL} = (-r_a)_i \cdot V$$

La reacción ocurre en el interior de la membrana (es porosa), y, por tanto, esa velocidad se debe relacionar con la velocidad aparente de consumo de sustrato en el líquido, a través de la conversión con el factor de eficacia interno. Como pide asumir despreciable la transferencia externa, la velocidad en la superficie de la membrana coincide con la velocidad en el líquido:

$$(-r_a)_i = \eta_i \cdot (-r_a)_{sup} = \eta_i \cdot (-r_a)_l = \eta_i \cdot \frac{k_0 \cdot e_0 \cdot C_{aL}}{K_m + C_{aL}}$$

Si ahora se sustituye en la ecuación de diseño, se puede despejar el caudal (v_0):

$$v_0(C_{aL0} - C_{aL}) = \eta_i \cdot \frac{k_0 \cdot e_0 \cdot C_{aL}}{K_m + C_{aL}} \cdot V \rightarrow v_0 = \frac{\eta_i}{(C_{aL0} - C_{aL})} \cdot \frac{k_0 \cdot e_0 \cdot C_{aL}}{K_m + C_{aL}} \cdot V$$

Se debe calcular, por tanto, el factor de eficacia interno, desde el módulo de Thiele. Para este caso, el área específica para la transferencia no es el de la esfera, sino el de una lámina plana (estamos ante un reactor de membrana). En este caso, el área específica (a) es el inverso del espesor de la membrana (b).

$$\Phi = \frac{1}{a}\sqrt{\frac{k_0 \cdot e_0}{K_m \cdot D_{eff(a)}}} = b \cdot \sqrt{\frac{k_0 \cdot e_0}{K_m \cdot D_{eff(a)}}}$$

Se debe calcular la concentración de la enzima (e_0) en función del volumen de líquido:

$$e_0 = 0.03 \left(\frac{genz}{m^3 sop}\right) \cdot \frac{0.1\ (m^3 sop)}{0.9\ (m^3 liq)} \cdot \frac{1}{1000}\left(\frac{m^3}{L}\right) = 3.33 \cdot 10^{-6} \left(\frac{g\ enz}{L\ liq}\right)$$

$$\Phi = 0.04\ (m) \cdot \sqrt{\frac{1 \left(\frac{g}{genz \cdot h}\right) \cdot \frac{1}{3600}\left(\frac{h}{s}\right) \cdot 3.33 \cdot 10^{-6}\left(\frac{g\ enz}{L}\right)}{0.4\left(\frac{g}{L}\right) \cdot 8.7 \cdot 10^{-10}\left(\frac{m^2}{s}\right)}} = 0.065$$

Este valor del módulo de Thiele es tan bajo, que es despreciable la transferencia de materia interna, y el proceso es dominado por la cinética. Con ese valor de módulo de Thiele, el factor de eficacia es 1 (se puede comprobar usando la ecuación):

$$v_0 = \frac{1}{\left(6\left(\frac{g}{L}\right) - 3\left(\frac{g}{L}\right)\right)} \cdot \frac{1\left(\frac{g}{genz \cdot h}\right) \cdot 3.33 \cdot 10^{-6}\left(\frac{g\ enz}{L}\right) \cdot 3\left(\frac{g}{L}\right)}{0.4\left(\frac{g}{L}\right) + 3\left(\frac{g}{L}\right)} \cdot 90\ (L)$$

$$= 8.86 \cdot 10^{-5}\left(\frac{L}{h}\right)$$

El caudal sería de unos 88 microlitros a la hora, lo que implica que el proceso es muy lento, y, por tanto, el tiempo de residencia necesario ha de ser muy elevado. En estas circunstancias, suele preferirse el trabajo en discontinuo.

Problema 4.9

Biorreactor heterogéneo de tanque agitado con bacterias desnitrificantes y combinación de transportes interno y externo

Las bacterias desnitrificantes se usan para retirar nitratos de aguas del subsuelo. Se suelen añadir en portadores de agarosa (de diámetro 5 mm), a reactores agitados (de porosidad 0.7) que contienen una concentración constante de nitratos de 0.02 g/L (debido al diseño de las corrientes de entrada y salida). Se conoce que la velocidad máxima de conversión es 0.014 g/(s · m^3 soporte) y el coeficiente de uso de sustrato (K_M) es 0.01 g/L. La difusividad efectiva del nitrato en agarosa es $1.1 \cdot 10^{-9}$ m^2/s y el coeficiente de transferencia de materia sólido-líquido es $2 \cdot 10^{-5}$ m/s. Calcular:

A. Si se está alimentando el reactor continuamente, con una corriente de 3 L/min y una concentración de nitrato de 0.18 g/L. ¿Cuál es el volumen del reactor?

B. Concentración de nitrato en la superficie del portador de agarosa.

C. Concentración de nitrato en el centro del portador de agarosa.

D. Con las condiciones del apartado A, ¿qué ocurriría con el volumen del reactor, si se compran portadores de agarosa de la mitad de volumen?

Apartado A

Aunque se traten de bacterias, como no se produce un crecimiento de las mismas en los soportes, se van a considerar como catalizadores enzimáticos, destinados exclusivamente a la eliminación de los nitratos. Se tienen en un tanque agitado, en estado estacionario, al que se le puede realizar un balance de materia, para obtener la ecuación de diseño:

Entra — Sale = Reacciona

Que expresado matemáticamente es:

$$v_0 \cdot C_{a0} - v_0 \cdot C_{aL} = (-r_a)_{het} \cdot V$$

La velocidad de reacción en el heterogéneo se refiere a la velocidad en el interior del catalizador poroso, y debe convertirse adecuadamente, para conseguir expresarla en valores de concentración del líquido:

$$(-r_a)_{het} = \eta_i \cdot (-r_a)_{sup} = \eta_i \cdot \frac{k_0 \cdot e_0 \cdot C_{aL}}{K' + C_{aL}}$$

Por tanto, el tiempo de residencia del reactor, despejando el balance anterior se puede expresar como:

$$\tau = \frac{V_L}{v_0} = \frac{C_{a0} - C_{aL}}{(-r_a)_{het}} = \frac{(C_{a0} - C_{aL}) \cdot (K' + C_{aL})}{\eta_i \cdot k_0 \cdot e_0 \cdot C_{aL}}$$

Desde aquí se podrá despejar el volumen del líquido, y con él, calcular el volumen del reactor.

Según informan en el enunciado, se nos proporciona el valor del producto de la constante catalítica (k_0) y la concentración de catalizador (e_0). Para poder operar con ese valor, debe convertirse a unidades referidas a litros de líquido:

$$k_0 e_0 = 0.014\left(\frac{g}{s\cdot m^3 sop}\right)\frac{0.3\,(m^3 sop)}{0.7\,(m^3 liq)}\frac{1\,(m^3\,liq)}{1000\,(L\,liq)} = 6\cdot 10^{-6}\left(\frac{g}{L\cdot s}\right)$$

Igualmente debemos conocer $k_s a$ para poder estimar K':

$$k_s a = k_s\cdot\frac{6}{d_p} = 2\cdot 10^{-5}\left(\frac{m}{s}\right)\cdot\frac{6}{0.005(m)} = 0.024\,(s^{-1})$$

Por la definición de K':

$$K' = K_m + \frac{k_0\cdot e_0}{k_s a} = 0.01\left(\frac{g}{L}\right) + \frac{6\cdot 10^{-6}\left(\frac{g}{L\cdot s}\right)}{0.024\left(\frac{1}{s}\right)} = 0.0103\left(\frac{g}{L}\right)$$

Como se puede apreciar, no hay una diferencia importante con el valor de Km y, por tanto, no parece la transferencia de materia un fenómeno que controle el proceso.

Finalmente, es necesario estimar la transferencia de materia interna, que se hace desde el factor de eficacia, obtenido desde el módulo de Thiele.

El módulo de Thiele, para una cinética de Michaelis-Menten, se obtiene según la ecuación:

$$\Phi = \frac{1}{a}\sqrt{\frac{k_0\cdot e_0}{K_m\cdot D_{eff(a)}}} = \frac{5\cdot 10^{-3}(m)}{6}\sqrt{\frac{6\cdot 10^{-6}\left(\frac{g}{L\cdot s}\right)}{0.01\left(\frac{g}{L}\right)\cdot 1.1\cdot 10^{-9}\left(\frac{m^2}{s}\right)}} = 0.615$$

Desde el valor de Thiele, se calcula el factor de eficacia interno, con la ecuación:

$$\eta_i = \frac{3}{\Phi}\left[\frac{1}{\tanh(\Phi)} - \frac{1}{\Phi}\right] = \frac{3}{0.615}\left[\frac{1}{\tanh(0.615)} - \frac{1}{0.615}\right] = 0.975$$

Se dispone ya de todos los datos para poder sustituir en la ecuación de diseño, y calcular el volumen del reactor:

$$V_L = v_0 \cdot \frac{(C_{a0} - C_{aL}) \cdot (K' + C_{aL})}{\eta_i \cdot k_0 \cdot e_0 \cdot C_{aL}} =$$

$$= 3\left(\frac{L}{min}\right) \cdot \frac{1}{60}\left(\frac{min}{s}\right) \cdot \frac{(0.18 - 0.02)\left(\frac{g}{L}\right) \cdot (0.0103 + 0.02)\left(\frac{g}{L}\right)}{0.975 \cdot 6 \cdot 10^{-6}\left(\frac{g}{L \cdot s}\right) \cdot 0.02\left(\frac{g}{L}\right)} = 2058\ (L)$$

Este es el volumen del líquido. El volumen del reactor, se debe obtener corrigiendo con la porosidad.

$$V_r = \frac{V_l}{\varepsilon} = \frac{2058}{0.7} = 2940\ (L)$$

Apartado B

Para calcular la concentración en la superficie del portador de agarosa, se debe realizar un balance de materia a la capa límite del citado portador. En ella, lo que difunde es lo que reacciona.

$$k_s a \cdot (C_{aL} - C_{aS}) = (-r_a)_{het} = \eta_i \frac{k_0 \cdot e_0 \cdot C_{aS}}{K_m + C_{as}}$$

Conocidos todos los valores, exceptuando la concentración en superficie, que se puede calcular resolviendo la ecuación de segundo grado o por iteración:

$$0.024(s^{-1}) \cdot \left(0.02\left(\frac{g}{L}\right) - C_{as}\right) = 0.975 \frac{6 \cdot 10^{-6}\left(\frac{g}{L}\right) \cdot C_{aS}}{0.01\left(\frac{g}{L}\right) + C_{as}}$$

$$\rightarrow C_{as} = 0.0198\left(\frac{g}{L}\right)$$

La concentración en la superficie del portador de agarosa es de 0.0198 g/L.

Apartado C

Se pide calcular la concentración en el centro del soporte. Para ello, se toma un radio adimensional lo suficientemente pequeño (r* = 0.001), de tal forma que se asemeje al centro de la partícula e impida la indeterminación numérica. Conocido el módulo de Thiele, y la concentración en la superficie, se estima de tal forma que:

$$C_{ai} = \frac{C_{as}}{r^*} \cdot \left[\frac{senoh(\Phi r^*)}{senoh(\Phi)}\right] = \frac{0.0198\ \left(\frac{g}{L}\right)}{0.001} \cdot \left[\frac{senoh(0.615 \cdot 10^{-3})}{senoh(0.615)}\right] = 0.0186\ \left(\frac{g}{L}\right)$$

La concentración en el centro de la partícula es de 0.0186 (g/L).

Apartado D

Si se compran portadores de la mitad de volumen, estará cambiando el diámetro de partícula del portador, que influye en el valor de $k_s a$ y en el valor del módulo de Thiele.

El diámetro de partícula cambia de la siguiente forma:

$$V_p' = \frac{1}{2} V_p \rightarrow \frac{4}{3}\pi \cdot r'^3 = \frac{1}{2}\frac{4}{3}\pi \cdot r^3 \rightarrow r'^3 = \frac{r^3}{2} \rightarrow r' = \sqrt[3]{\frac{r^3}{2}} = \frac{r}{\sqrt[3]{2}}$$

$$d_p' = \frac{d_p}{\sqrt[3]{2}} = \frac{5\ mm}{\sqrt[3]{2}} = 3.98\ mm$$

Este será el único valor a modificar en el módulo de Thiele, que es directamente proporcional al diámetro de partícula. Se calcula de nuevo:

$$\Phi = \frac{1}{a}\sqrt{\frac{k_0 \cdot e_0}{K_m \cdot D_{eff(a)}}} = \frac{3.98 \cdot 10^{-3}(m)}{6}\sqrt{\frac{6 \cdot 10^{-6}\left(\frac{g}{L \cdot s}\right)}{0.01\ \left(\frac{g}{L}\right) \cdot 1.1 \cdot 10^{-9}\left(\frac{m^2}{s}\right)}} = 0.49$$

Al utilizar este valor para el factor de eficacia interno, se obtiene el nuevo valor:

$$\eta_i = \frac{3}{\Phi}\left[\frac{1}{\tanh(\Phi)} - \frac{1}{\Phi}\right] = \frac{3}{0.49}\left[\frac{1}{\tanh(0.49)} - \frac{1}{0.49}\right] = 0.984$$

Igualmente, se modifica el valor de K' porque se modifica el valor de k_sa, de la siguiente forma:

$$k_s a = k_s \cdot \frac{6}{d_p} = 2 \cdot 10^{-5}\left(\frac{m}{s}\right) \cdot \frac{6}{0.00398(m)} = 0.030\ (s^{-1})$$

Desde este valor, se calcula K':

$$K' = K_m + \frac{k_0 e_0}{k_s a} = 0.01\left(\frac{g}{L}\right) + \frac{6 \cdot 10^{-6}\left(\frac{g}{L \cdot s}\right)}{0.030\left(\frac{1}{s}\right)} = 0.0102\left(\frac{g}{L}\right)$$

Como se puede observar, ambos valores (K' y factor de eficacia interno) no cambian sustancialmente respecto al caso base. Esto se debe a que se tiene un proceso controlado eminentemente por la cinética. Sustituyendo ahora en la ecuación de diseño para los nuevos valores obtenidos:

$$V_L = v_0 \cdot \frac{(C_{a0} - C_{aL}) \cdot (K' + C_{aL})}{\eta_i \cdot k_0 \cdot e_0 \cdot C_{aL}}$$

$$= 3\left(\frac{L}{min}\right) \cdot \frac{1}{60}\left(\frac{min}{s}\right) \cdot \frac{(0.18 - 0.02)\left(\frac{g}{L}\right) \cdot (0.0102 + 0.02)\left(\frac{g}{L}\right)}{0.984 \cdot 6 \cdot 10^{-6}\left(\frac{g}{L \cdot s}\right) \cdot 0.02\left(\frac{g}{L}\right)} = 2046\ (L)$$

El volumen del reactor, se calcula corrigiendo con la porosidad:

$$V_r = \frac{V_l}{\varepsilon} = \frac{2046\ L}{0.7} = 2922\ (L)$$

Se obtiene un nuevo volumen de reactor, ligeramente inferior al anterior (2940 litros frente a 2922 litros), que se ha conseguido al reducir el volumen de partícula a la mitad (que se corresponde con una reducción de aproximadamente el 20 % de su diámetro).

Problema 4.10

Biorreactor enzimático heterogéneo de flujo pistón y combinación de resistencias al transporte externo e interno

La papaína es una enzima proteasa, purificada desde el zumo de papaya, que tiene potentes aplicaciones industriales: en la industria cárnica (elaboración de embutidos) y en la industria cervecera, para eliminar proteínas que quedasen después de la fermentación. La papaína realiza una hidrólisis del enlace peptídico de la proteína, y las deja reducida a aminoácidos. En esta última, la presencia de papaína en la cerveza final no es deseable, y, por esta razón, se plantea su inmovilización en esferas de quitosano y PEG (densidad 1150 kg/m^3, diámetro 1 mm, porosidad 0.55 y tortuosidad 1.11) en concentración de 5 mg enzima/g soporte. Estas esferas que contienen la enzima se cargan en un reactor de flujo pistón, de longitud 4 metros y 0.3 metros de diámetro, hasta dejar un 60 % del volumen de reactor libre para el fluido.

Las exigencias alimentarias no permiten más de 0.8 g de proteína por cada litro de cerveza, y se quiere tratar un caudal de 1.5 litros por minuto. Calcule:

A. Concentración máxima de proteína que se puede tener en la alimentación al reactor para cumplir la normativa.

B. Concentración de proteína en la superficie de una esfera situada justo en el extremo final del reactor.

C. ¿Qué fenómeno predomina o controla el proceso?

Datos: densidad de la cerveza: 1060 kg/m^3, viscosidad de la cerveza 1.9 cP. Difusividad combinada proteína en cerveza (Dc): 150 μm^2/s. K_M (papaína): 1.3 g/L, K_0 (papaína): 30 mg · g prot^{-1} · min^{-1}.
Correlación: $Sh = 0.95 \cdot \sqrt{Re_p}\sqrt[3]{Sc}$

Apartado A

Se conoce la concentración máxima que puede salir en la cerveza (0.8 g/L) y se pregunta por la concentración inicial que el reactor de flujo pistón sería capaz de procesar, en las condiciones de diseño dadas, para conseguir cumplir con la especificación de regulación alimentaria anterior. Como se tiene un reactor de flujo pistón, con transporte interno y externo, se puede utilizar la ecuación de diseño que ya se dedujo en problemas anteriores:

$$\tau = \frac{V_l}{v_0} = \frac{1}{\eta_i \cdot k_0 \cdot e_0}\left[K' \cdot Ln\left(\frac{C_{a0}}{C_{aL}}\right) + C_{a0} - C_{aL}\right]$$

Se pueden ir calculando cada uno de esos parámetros. En primer lugar, el volumen del líquido, desde las dimensiones del reactor y considerando su porosidad:

$$V_l = V_r \cdot \varepsilon = \pi r^2 L \cdot \varepsilon = \pi \cdot (0.15)^2 (m^2) \cdot 4(m) \cdot 0.60 = 0.17\ (m^3) = 170\ (L)$$

El caudal viene expresado en litros por minuto, que al convertirlo resulta en 0.025 L/s.

Por otra parte, se debe calcular el valor de k_sa desde números adimensionales (va incluido en K'). Se calculan esos números adimensionales (Reynolds de partícula y Schimidt):

$$Sc = \frac{\mu}{\rho \cdot D_a} = \frac{1.9 \cdot 10^{-3}\left(\frac{kg}{m \cdot s}\right)}{1060\left(\frac{kg}{m^3}\right) \cdot 1.5 \cdot 10^{-10}\left(\frac{m^2}{s}\right)} = 1.19 \cdot 10^4$$

Para el Reynolds de partícula, es necesario calcular antes la velocidad lineal desde el caudal y el área:

$$v_s = \frac{Q}{A} = \frac{1.5\left(\frac{dm^3}{min}\right)}{\pi \cdot 1.5^2(dm^2)} = 0.212\left(\frac{dm}{min}\right) = 3.54 \cdot 10^{-4}\left(\frac{m}{s}\right)$$

$$Re_p = \frac{\rho \cdot v_s \cdot d_p}{\mu} = \frac{1060\left(\frac{kg}{m^3}\right) \cdot 3.54 \cdot 10^{-4}\left(\frac{m}{s}\right) \cdot 10^{-3}(m)}{1.9 \cdot 10^{-3}\left(\frac{kg}{m \cdot s}\right)} = 0.197$$

Utilizando la correlación, se calcula el número de Sherwood:

$$Sh = 0.95\sqrt{Re_p}\sqrt[3]{Sc} = 0.95 \cdot \sqrt{0.197}\sqrt[3]{1.19 \cdot 10^4} = 9.64$$

Desde el número de Sherwood, se puede calcular el parámetro k_s:

$$Sh = k_s \frac{d_p}{D_a} \rightarrow k_s = Sh \cdot \frac{D_a}{d_p} = 9.64 \cdot \frac{1.5 \cdot 10^{-10}\left(\frac{m^2}{s}\right)}{10^{-3}\ (m)} = 1.45 \cdot 10^{-6}\left(\frac{m}{s}\right)$$

Y desde ahí, sabiendo el área específica para la transferencia, se calcula k_sa:

$$k_s a = k_s \cdot \frac{6}{d_p} = 1.45 \cdot 10^{-6}\left(\frac{m}{s}\right) \cdot \frac{6}{10^{-3}(m)} = 8.68 \cdot 10^{-3}\ (s^{-1})$$

Antes de calcular el valor de K', es conveniente hacer la corrección oportuna en la concentración de enzima:

$$e_0 = 5\left(\frac{mgenz}{gsop}\right) \cdot \frac{1150\ (g\ sop)}{1\ (L\ sop)} \frac{0.4\ (L\ sop)}{0.6\ (L\ liq)} = 3833\left(\frac{mg\ enz}{L\ liq}\right) = 3.83\left(\frac{g\ enz}{L\ liq}\right)$$

Ahora se puede operar en la expresión de K':

$$K' = K_m + \frac{k_0 \cdot e_0}{k_s a} = 1.3\left(\frac{g}{L}\right) + \frac{0.03\left(\frac{g}{g\ enz \cdot min}\right) \cdot 3.83\left(\frac{g\ enz}{L}\right) \cdot \frac{1}{60}\left(\frac{min}{s}\right)}{8.68 \cdot 10^{-3}\left(\frac{1}{s}\right)}$$
$$= 1.52\left(\frac{g}{L}\right)$$

Finalmente, se debe calcular el factor de eficacia interno, desde el módulo de Thiele. Previamente a ello debe calcularse la difusividad efectiva de la papaína en el soporte:

$$D_{ef(a)} = \frac{D_a \cdot \varepsilon}{\tau} = \frac{150\left(\frac{\mu m^2}{s}\right) \cdot 0.55}{1.11} = 74.3\left(\frac{\mu m^2}{s}\right) = 7.43 \cdot 10^{-11}\left(\frac{m^2}{s}\right)$$

Ahora, calculando el módulo de Thiele:

$$\Phi = \frac{1}{a}\sqrt{\frac{k_0 \cdot e_0}{K_m \cdot D_{eff(a)}}} = \frac{d_p}{6}\sqrt{\frac{k_0 \cdot e_0}{K_m \cdot D_{eff(a)}}} = \frac{10^{-3}(m)}{6}\sqrt{\frac{0.03\left(\frac{g}{genz \cdot min}\right) \cdot 3.83\left(\frac{genz}{L}\right) \cdot \frac{1}{60}\left(\frac{min}{s}\right)}{1.3\left(\frac{g}{L}\right) \cdot 7.43 \cdot 10^{-11}\left(\frac{m^2}{s}\right)}}$$
$$= 0.743$$

El factor de eficacia interno, se estima desde el módulo de Thiele, de acuerdo con la ecuación siguiente:

$$\eta_i = \frac{3}{\Phi}\left[\frac{1}{\tanh(\Phi)} - \frac{1}{\Phi}\right] = \frac{3}{0.743}\left[\frac{1}{\tanh(0.743)} - \frac{1}{0.743}\right] = 0.965$$

Una vez conocidos todos los valores, se puede sustituir en la ecuación de diseño, donde la concentración en la alimentación (C_{a0}) se calculará por iteración:

$$\frac{V_l}{v_0} = \frac{1}{\eta_i \cdot k_0 \cdot e_0}\left[K' \cdot Ln\left(\frac{C_{a0}}{C_{aL}}\right) + C_{a0} - C_{aL}\right] = \frac{170\ (L)}{0.025\left(\frac{L}{s}\right)} =$$
$$= \frac{1}{0.965 \cdot 0.03\left(\frac{g}{genz \cdot min}\right) \cdot 3.83\left(\frac{genz}{L}\right) \cdot \frac{1}{60}\left(\frac{min}{s}\right)}\left[1.52 \cdot \ln\left(\frac{C_{a0}}{0.8\left(\frac{g}{L}\right)}\right) + C_{a0} - 0.8\left(\frac{g}{L}\right)\right]$$
$$\rightarrow C_{a0} = 9.62\left(\frac{g}{L}\right)$$

La **máxima concentración de proteína es la que se podría alimentar sería de 9.62 g/L**, para poder garantizar una concentración de, como máximo, 0.8 g/L en la corriente de salida.

Apartado B

Para la concentración de la proteína en la superficie, debe realizarse el balance de materia a la capa límite de la partícula donde está inmovilizado el catalizador; igualando la transferencia de materia a la reacción:

$$k_s a \cdot (C_{aL} - C_{aS}) = (-r_a)_{het} = \eta_i \frac{k_0 \cdot e_0 \cdot C_{aS}}{K_m + C_{as}}$$

Se conocen todos los valores, a excepción de la concentración en superficie, que se puede calcular resolviendo la ecuación de segundo grado o por iteración:

$$8.68 \cdot 10^{-3}(s^{-1}) \cdot \left(0.8 \left(\frac{g}{L}\right) - C_{as}\right) = 0.965 \frac{8.68 \cdot 10^{-3}\left(\frac{g}{g\ enz \cdot s}\right) \cdot 3.83 \left(\frac{g\ enz}{L}\right) \cdot C_{aS}}{1.3 \left(\frac{g}{L}\right) + C_{as}}$$

$$\rightarrow C_{as} = 0.236 \left(\frac{g}{L}\right)$$

La concentración en la superficie será de 0.24 g/L.

Apartado C

El proceso que controla es la transferencia de materia externa, puesto que se observa una diferencia sustancial entre el valor de K' y el valor de K_m que se muestra también en la diferencia de concentraciones entre la superficie de la partícula y el líquido (0.24 g/L a 0.8 g/L). La transferencia de materia interna no es muy considerable, puesto que el valor de su factor de eficacia se acerca considerablemente a 1 (0.965).

Problema 4.11

Biorreactor enzimático heterogéneo de flujo pistón y combinación de resistencias al transporte externo e interno

El ácido aspártico se produce desde el ácido fumárico por acción de la enzima aspartasa (la estequiometria es 1:1). El ácido aspártico será utilizado después como sustrato para producir aspartamo (un edulcorante muy utilizado en la industria alimentaria, junto a la sacarina y la Stevia). El estudio de la cinética de esta enzima, obtenida desde la bacteria *Escherichia coli*, demostró que sigue un modelo de Michaelis-Menten, donde K_M es 30 mM y la velocidad máxima de reacción es de 13 mM/min cuando la concentración de enzima es 3 g/L.

Para optimizar el proceso, se decide retener esta enzima en soportes porosos formados por la reticulación de alginato con cloruro de calcio (resultando en una concentración de 0,15 miligramos de enzima por gramo de soporte). Al producirse la reticulación, se forman esferas de 2 cm de diámetro, densidad 1230 kg/m^3, porosidad 0.65 y tortuosidad 1.09. Dichas esferas se empaquetan, dejando una porosidad de 0.40; en un reactor de flujo pistón, de diámetro 35 cm, que trabaja con un caudal de 2 litros por minuto, con una concentración inicial de 30 g/L de ácido fumárico. Se desean producir 3 kg de ácido aspártico por hora.

A. Calcule la longitud del reactor de flujo pistón.

B. ¿Cuál es la concentración en la superficie de una esfera situada justo en el extremo final del reactor?

C. ¿Cuál es la concentración en el centro de dicha esfera?

D. ¿Qué fenómeno controla el proceso? ¿La transferencia externa, la interna o la cinética? Razone la respuesta.

Datos: densidad del medio: 1000 kg/m^3; viscosidad del medio: 1 cP; Peso molecular acido aspártico: 133.1 g/mol; peso molecular ácido fumárico: 116.1 g/mol; Difusividad combinada (Dc) del ácido fumárico: $7.6 \cdot 10^{-10}$ m^2/s.

Correlación: $Sh = 0.95 \cdot \sqrt{Re_p}\sqrt[3]{Sc}$

Apartado A

Se conoce la productividad de aspártico deseada, que debe alcanzar 3 kg por hora. Si se conoce el caudal, se puede estimar la concentración de aspártico a la salida, y por la estequiometría, la concentración de fumárico que también queda a la salida del reactor de flujo pistón.

$$Pr = v_0 \cdot C_{aL} \rightarrow C_{aL} = \frac{Pr}{v_0} = \frac{3\ (kg/h)}{2\left(\frac{L}{min}\right) \cdot 60\left(\frac{min}{h}\right)} = 0.025\left(\frac{kg}{L}\right) = 25\left(\frac{g}{L}\right)$$

Si esa es la concentración de aspártico a la salida, podemos conocer cuánto fumárico se ha consumido, pues será sobre el sustrato con el que se harán los balances.

$$25\left(\frac{g\ asp}{L}\right) \cdot \frac{1\ (mol\ asp)}{133.1\ (g\ asp)} \cdot \frac{1\ (mol\ fum)}{1\ (mol\ asp)} \cdot \frac{116.1\ (g)}{1\ (mol\ fum)} = 21.80\left(\frac{g}{L}\right)$$

Si inicialmente se disponían de 30 g/L, la concentración de fumárico a la salida es de 8.2 g/L

Se realiza ahora balance de materia, al reactor de flujo pistón, como en problemas anteriores:

$$v_0 \cdot dC_{aL} = (-r_a)_{int} \cdot dV = \eta_i \cdot (-r_a)_s \cdot dV = \eta_i \cdot \frac{k_0 \cdot e_0 \cdot C_{aL}}{K' + C_{aL}} \cdot dV$$

Integrando entre los extremos del reactor resulta en:

$$\tau = \frac{V_l}{v_0} = \frac{1}{\eta_i \cdot k_0 \cdot e_0} \left[K' \cdot Ln\left(\frac{C_{a0}}{C_{aL}}\right) + C_{a0} - C_{aL} \right]$$

Se pregunta por la longitud del reactor, y para ello es necesario calcular el volumen de líquido. Se deben calcular los parámetros del balance que se desconocen.

En primer lugar, la concentración de enzima relativizada por el líquido:

$$e_0 = 0.15 \left(\frac{mg\ enz}{g\ sop}\right) \cdot 1230 \left(\frac{g\ sop}{L\ sop}\right) \cdot \frac{0.6\ (L\ sop)}{0.4\ (L\ liq)} = 276.8 \left(\frac{mg\ enz}{L\ liq}\right)$$

Igualmente resulta conveniente convertir la constante catalítica. Se conoce su velocidad de catálisis para una concentración dada de enzima, y con eso se convierte:

$$k_0 = \frac{13\ (mM/min)}{3\left(\frac{g\ enz}{L}\right)} = 4.33 \left(\frac{mmol}{g\ enz \cdot min}\right) \frac{1\ min}{60\ s} \frac{116.1\ (g)}{10^3\ (mmol)}$$

$$= 8.38 \cdot 10^{-3} \left(\frac{g}{g\ enz \cdot s}\right)$$

Para calcular el factor de eficacia interno es necesario conocer el módulo de Thiele, el cual se calcula desde la difusividad efectiva, que se estima desde la difusividad combinada utilizando tortuosidad y porosidad:

$$D_{ef} = \frac{D_c \cdot \varepsilon}{\tau} = 7.6 \cdot 10^{-10} \left(\frac{m^2}{s}\right) \cdot \frac{0.65}{1.09} = 4.53 \cdot 10^{-10} \left(\frac{m^2}{s}\right)$$

Si se convierte la constante de Michaelis a g/L resulta un valor de 3.48 g/L, y ya se puede calcular el módulo de Thiele:

$$\Phi = \frac{1}{a}\sqrt{\frac{k_0 \cdot e_0}{K_m \cdot D_{eff(a)}}} = \frac{d_p}{6}\sqrt{\frac{k_0 \cdot e_0}{K_m \cdot D_{eff(a)}}}$$

$$\Phi = \frac{0.02(m)}{6}\sqrt{\frac{8.38 \cdot 10^{-3}\left(\frac{g}{g\ enz \cdot s}\right) \cdot 276.8\left(\frac{mg\ enz}{L}\right) \cdot 10^{-3}\left(\frac{g\ enz}{mg\ enz}\right)}{3.48\left(\frac{g}{L}\right) \cdot 4.53 \cdot 10^{-10}\left(\frac{m^2}{s}\right)}} = 4.04$$

Resulta un valor elevado del módulo de Thiele, que indica que habrá importancia considerable de la transferencia interna en el proceso. Calculando el factor de eficacia interno desde el módulo de Thiele, se corrobora este hecho:

$$\eta_i = \frac{3}{\Phi}\left[\frac{1}{\tanh(\Phi)} - \frac{1}{\Phi}\right] = \frac{3}{4.04}\left[\frac{1}{\tanh(4.04)} - \frac{1}{4.04}\right] = 0.56$$

A continuación, es necesario definir el valor de K' que tiene la contribución del transporte de materia externo. Para ello, es necesario calcular los diferentes números adimensionales necesarios para estimar el transporte desde el número de Sherwood.

Para el Reynolds de partícula, primeramente, hay que calcular la velocidad por el interior del flujo pistón, como cociente de caudal y área:

$$v_s = \frac{Q}{A} = \frac{2\ (dm^3/min)}{\pi \cdot 1.75^2 (dm^2)} = 0.21\left(\frac{dm}{min}\right) = 3.46 \cdot 10^{-4}\left(\frac{m}{s}\right)$$

Desde esto calculamos el Reynolds de partícula:

$$Re_p = \frac{\rho \cdot v_s \cdot d_p}{\mu} = \frac{10^3\left(\frac{kg}{m^3}\right) \cdot 3.46 \cdot 10^{-4}\left(\frac{m}{s}\right) \cdot 0.02(m)}{10^{-3}\left(\frac{kg}{m \cdot s}\right)} = 6.92$$

Se puede calcular también el número de Schmidt:

$$Sc = \frac{\mu}{\rho \cdot D_a} = \frac{10^{-3}\left(\frac{kg}{m \cdot s}\right)}{10^3\left(\frac{kg}{m^3}\right) \cdot 7.6 \cdot 10^{-10}\left(\frac{m}{s}\right)} = 1.32 \cdot 10^6$$

Conocidos los números adimensionales, se puede aplicar la correlación:

$$Sh = 0.95\sqrt{Re_p}\sqrt[3]{Sc} = 0.95\sqrt{6.92}\sqrt[3]{1.32 \cdot 10^6} = 273.6$$

Desde el número de Sherwood se puede calcular $k_s a$:

$$Sh = k_s \cdot \frac{d_p}{D_a} \rightarrow k_s = Sh \cdot \frac{D_a}{d_p} = 273.6 \cdot \frac{7.6 \cdot 10^{-10} \left(\frac{m^2}{s}\right)}{0.02(m)} = 1.04 \cdot 10^{-5} \left(\frac{m}{s}\right)$$

$$k_s a = k_s \cdot \frac{6}{d_p} = 1.04 \cdot 10^{-5} \left(\frac{m}{s}\right) \cdot \frac{6}{0.02\ (m)} = 3.2 \cdot 10^{-3} (s^{-1})$$

Conocido ese valor, se puede calcular K':

$$K' = K_m + \frac{k_0 \cdot e_0}{k_s a} = 3.48 \left(\frac{g}{L}\right) + \frac{8.38 \cdot 10^{-3} \left(\frac{g}{g\ enz \cdot s}\right) \cdot 0.277 \left(\frac{g\ enz}{g}\right)}{3.2 \cdot 10^{-3} \left(\frac{1}{s}\right)} = 4.21 \left(\frac{g}{L}\right)$$

Cuando ya se dispone de todos los valores, se puede sustituir en el balance de materia al flujo pistón:

$$V_l = \frac{v_0}{\eta_i \cdot k_0 \cdot e_0} \left[K' \cdot Ln\left(\frac{C_{a0}}{C_{aL}}\right) + C_{a0} - C_{aL}\right]$$

$$\frac{2\left(\frac{L}{\min}\right) \cdot \frac{1}{60}\left(\frac{min}{s}\right)}{0.56 \cdot 8.38 \cdot 10^{-3}\left(\frac{g}{g\ enz \cdot s}\right) \cdot 0.277\left(\frac{g\ enz}{L}\right)}\left[4.21\left(\frac{g}{L}\right) \cdot \ln\left(\frac{30}{8.2}\right) + 30\left(\frac{g}{L}\right) - 8.2\left(\frac{g}{L}\right)\right] = 699\ (L)$$

Este es el volumen de huecos o de líquido, y, por tanto, se debe corregir al volumen total con la porosidad.

$$V_l = \varepsilon \cdot V \rightarrow V = \frac{V_l}{\varepsilon} = 699 \frac{(dm^3)}{0.4} = 1749\ (dm^3) = 1.75\ (m^3)$$

Desde ahí se obtiene la longitud, al aplicar el volumen de cilindro:

$$V = \pi \cdot r^2 \cdot L \rightarrow L = \frac{V}{\pi r^2} = \frac{1.75\ (m^3)}{\pi \cdot 0.175^2\ (m^2)} = 18.2\ (m)$$

El reactor tiene, por tanto, 18.2 metros de longitud.

Apartado B

Se debe resolver el balance a la capa límite, donde lo que difunde es igual a lo que reacciona:

$$k_s a \cdot (C_{aL} - C_{aS}) = (-r_a)_{het} = \eta_i \frac{k_0 \cdot e_0 \cdot C_{aS}}{K_m + C_{as}}$$

Se conocen todos los valores, a excepción de la concentración en superficie, que se puede calcular resolviendo la ecuación de segundo grado o por iteración:

$$3.2 \cdot 10^{-3}(s^{-1}) \cdot \left(8.2 \left(\frac{g}{L}\right) - C_{as}\right) = 0.56 \cdot \frac{8.38 \cdot 10^{-3} \left(\frac{g}{g\ enz \cdot s}\right) \cdot 0.277 \left(\frac{g\ enz}{L}\right) \cdot C_{as}}{3.48 \left(\frac{g}{L}\right) + C_{as}}$$

$$\rightarrow C_{as} = 7.92 \left(\frac{g}{L}\right)$$

La concentración en la superficie de la partícula porosa es de 7.92 g/L.

Apartado C

Con la concentración en la superficie, se puede calcular la concentración en el centro de la partícula, tomando para ello un valor de radio adimensional muy pequeño (no es posible tomar el valor de 0 porque saldría una indeterminación).

$$C_{ai} = \frac{C_{as}}{r^*} \cdot \left[\frac{senoh(\Phi r^*)}{senoh(\Phi)}\right] = \frac{7.92 \left(\frac{g}{L}\right)}{0.001} \cdot \left[\frac{senoh(4.04 \cdot 10^{-3})}{senoh(4.04)}\right] = 1.12 \left(\frac{g}{L}\right)$$

La concentración en el interior de la partícula porosa es de 1.12 g/L.

Apartado D

El fenómeno que predomina es la transferencia de materia interna, puesto que el factor de eficacia resulta en un valor bastante reducido (0.56). Este hecho se observa también estudiando la diferencia de concentraciones. Entre el líquido y la superficie hay cierta diferencia de concentraciones (8.2 g/L a 7.92 g/L), pero es mucho más notoria entre la superficie de la partícula porosa y el interior de la misma (de 7.92 g/L a 1.12 g/L).

Problema 4.12

Biorreactor enzimático heterogéneo de flujo pistón y combinación de resistencias al transporte externo e interno

Se dispone de un reactor de flujo pistón a escala de laboratorio de 3.6 cm de diámetro y 44 cm de longitud, rellenado (porosidad 0.45) por un soporte comercial esférico y poroso (Sipernat Exp 4432-1) de diámetro 20 μm. Este reactor se utiliza para la producción de isomaltulosa desde sacarosa, utilizando la enzima sacarosa-isomerasa, que se encuentra retenida en dicho soporte.

Se alimenta al reactor una disolución concentrada de sacarosa, 40 % (w/w), con un caudal de 1.5 mL/min, y se obtiene una conversión del 80 % en el extremo opuesto del reactor. Asumiendo que la alimentación tiene la densidad y la viscosidad del agua. Calcule:

A. Concentración a la que debe inmovilizarse la enzima en el soporte para conseguir dicha conversión.

B. Concentración de sacarosa en el centro de la esfera situada en el extremo final del reactor.

C. Espesor de la capa límite de difusión externa.

D. ¿Qué fenómeno controla el proceso?

Datos: k_0: 3 g · g_{enz}^{-1} · s^{-1}, K_M: 23.3 g/L, densidad del soporte: 1450 kg/m^3, porosidad del soporte: 0.55, tortuosidad del soporte: 1.22, difusividad sacarosa en agua: $4{\cdot}10^{-10}$ m^2/s

Correlación: $Sh = 0.95 \cdot \sqrt{Re_p}\sqrt[3]{Sc}$

Apartado A

Se ofrecen las dimensiones de un reactor de flujo pistón y se conocen ciertos parámetros de la operación como el caudal, la concentración inicial de sacarosa y la conversión, así como algunos parámetros cinéticos o del transporte. Se pide la concentración de la enzima que debe inmovilizarse en el soporte (e_0). Esta concentración va a condicionar varios valores de la ecuación de diseño tales como el factor de eficacia interno (porque está incluida en el módulo de Thiele) y la constante K', además de que este valor propiamente está incluido en la ecuación de diseño, que se obtiene del balance de materia (que ya se ha realizado en problemas anteriores).

$$\tau = \frac{V_l}{v_0} = \frac{1}{\eta_i \cdot k_0 \cdot e_0}\left[K' \cdot Ln\left(\frac{C_{a0}}{C_{aL}}\right) + C_{a0} - C_{aL}\right]$$

Donde si se despeja la concentración de la enzima, en el término izquierdo de la ecuación resulta:

$$e_0 = \frac{v_0}{\eta_i \cdot k_0 \cdot V_l}\left[K' \cdot Ln\left(\frac{C_{a0}}{C_{aL}}\right) + C_{a0} - C_{aL}\right]$$

Se puede calcular el volumen del líquido, conocidas las dimensiones del reactor y su porosidad:

$$V_l = V_r \cdot \varepsilon = \pi r^2 L \cdot \varepsilon = \pi \cdot 1.8^2 (cm^2) \cdot 44(cm) \cdot 0.45 = 201.5\ (cm^3) = 201.5\ (mL)$$

El caudal viene expresado en mL por minuto, que al convertirlo resulta en 0.025 mL/s.

Por otra parte, es necesario calcular el valor de $k_s a$ desde números adimensionales (porque va incluido en K'). Se calculan esos números adimensionales (Reynolds de partícula y Schimidt):

$$Sc = \frac{\mu}{\rho \cdot D_a} = \frac{10^{-3}\left(\frac{kg}{m \cdot s}\right)}{10^3\left(\frac{kg}{m^3}\right) \cdot 4 \cdot 10^{-10}\left(\frac{m^2}{s}\right)} = 2500$$

Para el Reynolds de partícula, es necesario calcular la velocidad lineal:

$$v_s = \frac{Q}{A} = \frac{1.5\left(\frac{cm^3}{min}\right)}{\pi \cdot 1.8^2 (cm^2)} = 0.147\left(\frac{cm}{min}\right) = 2.46 \cdot 10^{-5}\left(\frac{m}{s}\right)$$

$$Re_p = \frac{\rho \cdot v_s \cdot d_p}{\mu} = \frac{10^3\left(\frac{kg}{m^3}\right) \cdot 2.46 \cdot 10^{-5}\left(\frac{m}{s}\right) \cdot 20 \cdot 10^{-6}(m)}{10^{-3}\left(\frac{kg}{m \cdot s}\right)} = 4.92 \cdot 10^{-4}$$

Utilizando la correlación, se calcula el número de Sherwood:

$$Sh = 0.95\sqrt{Re_p}\sqrt[3]{Sc} = 0.95 \cdot \sqrt{4.92 \cdot 10^{-4}}\sqrt[3]{2500} = 0.28$$

Desde ese número, se calcula el parámetro k_s:

$$Sh = k_s \frac{d_p}{D_a} \rightarrow k_s = Sh \cdot \frac{D_a}{d_p} = 0.28 \cdot \frac{4 \cdot 10^{-10}\left(\frac{m^2}{s}\right)}{20 \cdot 10^{-6}\,(m)} = 5.6 \cdot 10^{-6}\left(\frac{m}{s}\right)$$

Y desde ahí, sabiendo el área específica para la transferencia, se calcula $k_s a$:

$$k_s a = k_s \cdot \frac{6}{d_p} = 5.6 \cdot 10^{-6}\left(\frac{m}{s}\right) \cdot \frac{6}{20 \cdot 10^{-6}(m)} = 1.68\ (s^{-1})$$

Ahora se puede operar en la expresión de K':

$$K' = K_m + \frac{k_0 \cdot e_0}{k_s a} = 23.3\left(\frac{g}{L}\right) + \frac{3\left(\frac{g}{genz \cdot s}\right) \cdot e_0}{1.68\left(\frac{1}{s}\right)} = 23.3 + 1.78 \cdot e_0$$

La expresión queda en función de la concentración de enzima, que tendrá unidades de gramos de enzima por litro de líquido.

Por otra parte, se debe expresar el módulo de Thiele en función de la concentración de enzima. Para su cálculo se tiene que considerar la difusividad efectiva, que es función de la porosidad y tortuosidad del soporte:

$$D_{ef(a)} = \frac{D_a \cdot \varepsilon}{\tau} = \frac{4 \cdot 10^{-10}\left(\frac{m^2}{s}\right) \cdot 0.55}{1.22} = 1.8 \cdot 10^{-10}\left(\frac{m^2}{s}\right)$$

Calculando el módulo de Thiele:

$$\Phi = \frac{1}{a}\sqrt{\frac{k_0 \cdot e_0}{K_m \cdot D_{eff(a)}}} = \frac{d_p}{6}\sqrt{\frac{k_0 \cdot e_0}{K_m \cdot D_{eff(a)}}} = \frac{20 \cdot 10^{-6}(m)}{6}\sqrt{\frac{3\left(\frac{g}{genz \cdot s}\right) \cdot e_0}{23.3\left(\frac{g}{L}\right) \cdot 1.8 \cdot 10^{-10}\left(\frac{m^2}{s}\right)}}$$

$$= 0.089\sqrt{e_0}$$

El factor de eficacia interno, se estima desde el módulo de Thiele, de acuerdo con la ecuación siguiente:

$$\eta_i = \frac{3}{\Phi}\left[\frac{1}{\tanh(\Phi)} - \frac{1}{\Phi}\right]$$

El problema debe resolverse por iteración, pues la concentración de enzima está incluida dentro de muchos términos. Para poder aplicarse la ecuación, las concentraciones a la entrada y salida del reactor deben estar en gramos por litro. La concentración inicial del 40 % (w/w) de sacarosa corresponde con 400 g/L, y la concentración final, que es el 20 % de aquella (por una conversión del 80 %), con 80 g/L.

Sustituyendo la mayoría de los valores conocidos en la ecuación de diseño, queda en:

$$e_0 = \frac{0.025\ \left(\frac{mL}{s}\right)}{\eta_i \cdot 3\left(\frac{g}{genz \cdot s}\right) \cdot 201.5\ (mL)} \left[(23.3 + 1.78 \cdot e_0) \cdot Ln\left(\frac{400}{32}\right) + 400\ \left(\frac{g}{L}\right) - 32\ \left(\frac{g}{L}\right)\right]$$

Se resuelve, por tanto, dando un valor a la concentración de enzima, con la que calcular el término en el interior del corchete (correspondiente a K') y con la que calcular el módulo de Thiele que se asocia con un factor de eficacia interno (η_i). Se comprueba que ese valor supuesto cierra con el calculado (al lado izquierdo de la ecuación).

Al resolver **iterando**, resulta una **concentración de enzima de 0.01478 g/L**, es decir 14.8 miligramos de enzima por litro de líquido. Este valor debe corregirse por la concentración del soporte, de tal forma que:

$$e_0 = 14.8\left(\frac{mg\ enz}{L\ liq}\right) \cdot \frac{0.45\ (L\ liq)}{0.55\ (L\ sop)} \frac{1\ (L\ sop)}{1450\ (g\ sop)} = 8.27 \cdot 10^{-3}\left(\frac{mg\ enz}{gsop}\right)$$

Es decir, la concentración necesaria es de **8 microgramos de enzima por gramos de soporte**.

Apartado B

Para conocer la concentración en el centro de la esfera que está situada al final del reactor, se debe conocer primero la concentración de la superficie de dicha esfera. Esto se realiza a partir del balance a la capa límite, donde lo que reacciona es lo que se transfiere.

$$k_s a \cdot (C_{aL} - C_{aS}) = (-r_a)_{het} = \eta_i \frac{k_0 \cdot e_0 \cdot C_{aS}}{K_m + C_{as}}$$

Se conocen todos los valores, a excepción de la concentración en superficie, que se puede calcular resolviendo la ecuación de segundo grado o por iteración:

$$1.68\,(s^{-1}) \cdot \left(80\,\left(\frac{g}{L}\right) - C_{as}\right) = 1 \cdot \frac{3\left(\frac{g}{g\ enz \cdot s}\right) \cdot 0.0148\left(\frac{g\ enz}{L}\right) \cdot C_{as}}{23.3\,\left(\frac{g}{L}\right) + C_{as}}$$

$$\rightarrow C_{as} = 79.98\,\left(\frac{g}{L}\right)$$

Como se puede observar, no hay diferencia significativa entre la concentración en el líquido y la concentración en la superficie. Para conocer la concentración en el interior, es necesario calcular el módulo de Thiele. Se sabe, por el apartado A, que dependía de la concentración de enzima, que ahora ya es conocida, y, por tanto, se puede obtener su valor, y con él, el del factor de eficacia interno:

$$\Phi = 0.089\sqrt{e_0} = 0.089 \cdot \sqrt{0.0148} = 0.011$$

Con ese valor tan bajo del módulo de Thiele, el factor de eficacia interno resulta en 1. Por tanto, cabría esperarse, que la concentración en el interior de la partícula fuese la misma que en superficie. Se puede comprobar, usando la ecuación siguiente:

$$C_{ai} = \frac{C_{as}}{r^*} \cdot \left[\frac{senoh(\Phi r^*)}{senoh(\Phi)}\right] = \frac{79.98\,\left(\frac{g}{L}\right)}{0.001} \cdot \left[\frac{senoh(0.011 \cdot 10^{-3})}{senoh(0.011)}\right] = 79.98\,\left(\frac{g}{L}\right)$$

La concentración es prácticamente la misma, en el líquido, que, en la superficie, que en el interior de la partícula porosa.

Apartado C

El espesor de la capa límite (δ) se calcula desde la definición del coeficiente de transporte externo de materia, de la siguiente forma:

$$k_s = \frac{D_a}{\delta} \rightarrow \delta = \frac{D_a}{k_s} = \frac{4 \cdot 10^{-10}\left(\frac{m^2}{s}\right)}{5.6 \cdot 10^{-6}\left(\frac{m}{s}\right)} = 72 \cdot 10^{-6}(m) = 72\ \mu m$$

El espesor de la capa límite es de 72 micras.

Apartado D

Observando que no hay diferencia de concentraciones entre las diferentes fases, y viendo los valores resultantes de módulo de Thiele o la escasa diferencia de K' con el valor de K_m se puede afirmar que todo el proceso está controlado por la cinética de la reacción, sin que el transporte tenga una contribución importante en el sistema.

Capítulo 5

Biorreactores microbianos heterogéneos

Problema 5.1

Biorreactor de tipo biofilm o de membrana con transporte externo

Una alternativa usada para la depuración de aguas son los denominados fermentadores tipo biofilm. En ellos la biomasa se soporta sobre unas membranas poliméricas que cuelgan en el interior del fermentador. Para este problema se va a suponer que se quiere degradar un componente S usando un fermentador de 100 L. La degradación sigue una cinética tipo Monod donde μ_{max}: 0.15 h^{-1}, k_s: 0.1 g/L, $Y_{s/x}$ = 0.22 g sustrato/g biomasa.

En dicho fermentador existen 8 membranas de polímeros de 60 x 15 cm sobre la que se ha crecido la biomasa hasta adquirir un espesor de 1mm por ambos lados. Cuando la concentración de sustrato a la entrada es 20 g/L y el caudal es de 4 L/h se observa que la conversión lograda es del 80 % de la conseguida en un fermentador homogéneo en las mismas condiciones. Con estas premisas determinar:

A. El coeficiente de transporte de materia Y la concentración de sustrato sobre la superficie del biofilm.

B. Para conseguir la misma conversión que en el homogéneo se pretende aumentar la cantidad de biomasa en el biofilm.

Calcular el espesor que debe existir en este caso. Comentar los resultados obtenidos.

Nota: *En el apartado A suponer que estamos en estado estacionario es decir que la concentración de biomasa en el biofilm siempre es la misma, y coincide con la concentración de biomasa del reactor homogéneo; y que para ambas situaciones (apartados A y B) el coeficiente de transporte de materia es el mismo.*

Dato: $\rho_{biofilm} = 1200\ kg/m^3$

Apartado a

En primer lugar, dado que la biomasa se conserva en ambos reactores (homogéneo y heterogéneo), debemos realizar el balance al fermentador homogéneo, siguiendo el modelo realizado en los problemas del capítulo 1, donde la velocidad de dilución se iguala al crecimiento específico de la biomasa:

$$\mu = D = \frac{v_0}{V} = \frac{4\ (L/h)}{100\ (L)} = 0.04\ (h^{-1})$$

Aplicando la ecuación de Monod, se conocen sus parámetros y se puede despejar la concentración de sustrato en el reactor:

$$\mu = \mu_{max}\frac{C_S}{K_s + C_S} = 0.04\ (h^{-1}) = 0.15\ (h^{-1}) \cdot \frac{C_s}{K_s + C_s} \rightarrow C_s = 0.04\ \left(\frac{g}{L}\right)$$

Esto supone una conversión del 99.8 %.

Desde la concentración de sustrato, conocido el coeficiente de campo, se puede estimar la concentración de biomasa en el reactor, si asumimos alimentación estéril.

$$Y_{x/s} = \frac{x - x_0}{S_0 - S} \rightarrow x = Y_{x/s} \cdot (S_0 - S) = \frac{1}{0.22\left(\frac{gS}{gX}\right)} \cdot (20 - 0.04)\left(\frac{gS}{L}\right) = 90.7\ \left(\frac{gX}{L}\right)$$

Esta concentración de biomasa será la misma de la que se dispondrá en el reactor de biofilm.

Se conoce que la conversión en el reactor heterogéneo es el 80 % de la del homogéneo. Una vez calculada antes la conversión del homogéneo (99.8 %) se deduce la del heterogéneo, que resulta en 79.8 %. Desde ella se puede calcular la concentración de sustrato en el líquido del reactor heterogéneo:

$$C_{sL} = C_0(1 - x) = 20\left(\frac{g}{L}\right)(1 - 0.798) = 4.03\left(\frac{g}{L}\right)$$

Se puede a continuación calcular la velocidad de consumo de sustrato, en el reactor heterogéneo, desde el balance al sustrato:

Entra — Sale = Reacciona

$$v_0 \cdot C_0 - v_0 \cdot C_{sL} = q_s \cdot V$$

Entonces, conocidos volumen, caudal y concentraciones, se calcula q_s:

$$q_s = \frac{v_0(C_0 - C_{sL})}{V} = \frac{4\left(\frac{L}{h}\right) \cdot (20 - 4.03)\left(\frac{g}{L}\right)}{100\ (L)} = 0.639\left(\frac{g}{L \cdot h}\right)$$

La velocidad de consumo de sustrato se puede expresar, usando el coeficiente de campo, en función de la ecuación de Monod, donde aparecerá la concentración de sustrato en la superficie del biofilm (la utilizada para el crecimiento de la biomasa y/o la formación de producto).

$$\boldsymbol{q_s = Y_{s/x} \cdot q_x = Y_{s/x} \cdot \mu \cdot x = Y_{sx} \cdot x \cdot \mu_{max} \cdot \frac{C_{sS}}{K_s + C_{sS}}}$$

De esta ecuación se conocen todos los valores, a excepción de la concentración de sustrato en la superficie del biofilm (C_{sS}), que se despeja:

$$q_s = 0.639\left(\frac{gS}{L \cdot h}\right) = \frac{0.22\left(\frac{gS}{gX}\right) \cdot 90.7\left(\frac{gX}{L}\right) \cdot 0.15\left(\frac{1}{h}\right)}{0.1\left(\frac{gS}{L}\right) + C_{sS}} \cdot C_{sS} \rightarrow C_{sS} = 0.027\left(\frac{g}{L}\right)$$

Por tanto, la concentración en la superficie es de 0.03 g/L. Por otra parte, se puede hacer el balance donde la difusión a través de la capa límite se iguala a la velocidad de reacción (consumo de sustrato), es decir:

$$k_s a \cdot (C_{sL} - C_{sS}) = q_s$$

Conocidas las concentraciones y la velocidad de consumo, se puede calcular el coeficiente global de transferencia de materia:

$$k_s a = \frac{q_s}{(C_{sL} - C_{sS})} = \frac{0.639\left(\frac{gS}{L\cdot h}\right)}{4.03 - 0.03\left(\frac{gS}{L}\right)} = 0.159\left(\frac{1}{h}\right) = 0.0027\,(min^{-1})$$

Apartado b

El problema informa que el coeficiente de transferencia de materia se conserva. Pide alcanzar la conversión del homogéneo, es decir, que la concentración de sustrato en el líquido sea de 0.04 (g/L). Esto implica una velocidad de consumo de sustrato diferente, que se calcula, desde el balance al reactor:

$$q_s = \frac{v_0(C_0 - C_{sL})}{V} = \frac{4\left(\frac{L}{h}\right)\cdot(20 - 0.04)\left(\frac{g}{L}\right)}{100\,(L)} = 0.798\left(\frac{g}{L\cdot h}\right)$$

Esta velocidad de consumo, ha de ser igual a la de transferencia, y, por tanto:

$$k_s a \cdot (C_{sL} - C_{sS}) = q_s$$

Si $k_s a$ se conserva, deducimos la diferencia de concentraciones:

$$C_{sL} - C_{sS} = \frac{q_s}{k_s a} = \frac{0.798\left(\frac{g}{L\cdot h}\right)}{0.159\left(\frac{1}{h}\right)} = 5.02\left(\frac{g}{L}\right)$$

Al observar el resultado, sabiendo que la concentración en el líquido ha de ser de 0.04 g/L, se concluye que la concentración en la superficie habría de ser negativa, lo que carece de sentido físico. La respuesta al apartado es, por tanto, que es imposible alcanzar la conversión del homogéneo, porque el proceso está en buena parte controlado por la transferencia de materia, que impide conversiones tan altas.

Problema 5.2

Alternativas de configuraciones de un biorreactor microbiano heterogéneo

En un laboratorio de investigación se analiza la posibilidad de usar un proceso de inmovilización para obtener un producto de gran valor añadido. Para ello los investigadores implicados piensan en dos alternativas:

1. Hacer que el microorganismo crezca formado partículas esféricas no porosas de 3 mm de diámetro.
2. Formando un biofilm cuya geometría será un paralelepípedo de 20 cm x 20 cm x e (espesor). (*Suponer que dicho biofilm no es poroso*).

Para comprobar su utilidad se realizaron las siguientes experiencias en ambos biorreactores. En un biorreactor de mezcla completa continuo cuyo volumen total es V_t = 10 L se inmovilizan 800 g de biomasa. Tras ello se puso a operar el equipo con un caudal de entrada de 0.12 L/min Y una concentración inicial de sustrato C_{a0} = 5 g/L. Determinar:

A. ¿Qué predomina: la transferencia de materia externa o la cinética? ¿Cuál es la conversión lograda en cada uno de ellos?

B. ¿Cuántas placas de 20 cm x 20 cm se requieren para conseguir la misma conversión en el biofilm que en la primera alternativa? Comente los resultados.

Datos: μ_{max}= 0.13 h^{-1}; K_M= 0.01g/L; $\rho_{biomasa}$= 1030 Kg/m^3; $Y_{s/x}$ = 0.356 gS/gX; k_s= 10^{-5} m/s.

Apartado A

Se estudia un fermentador de mezcla completa continuo heterogéneo en estado estacionario. Para poder resolverse, debe conocerse el volumen de líquido, que se estima al restarle el volumen del sólido al volumen total. El volumen de sólido se calcula utilizando la densidad de la biomasa:

$$V_s = \frac{m_s}{\rho_s} = \frac{800\,(g)}{1030\left(\frac{g}{L}\right)} = 0.777(L)$$

Entonces, el volumen de líquido resulta de retirar el volumen de sólido a volumen total del reactor (10 litros):

$$V_L = V_{total} - V_s = 10\,(L) - 0.777\,(L) = 9.223(L)$$

Se puede, igualmente, calcular la porosidad del reactor:

$$\varepsilon = \frac{V_L}{V_{total}} = 0.922$$

Se observa que la porosidad obtenida es alta, y, por tanto, no estaríamos ante un lecho fijo, sino que en la primera alternativa la biomasa está flotando libremente en el medio de cultivo. Una vez conocidas la porosidad y el volumen del fermentador se debe calcular la concentración de biomasa (x), que va a existir en cada uno de los fermentadores. Al igual que antes, esta concentración es independiente de la arquitectura del fermentador, ya que se tiene el mismo volumen de líquido:

$$x = \frac{m_s}{V_L} = \frac{800\ (g)}{9.223\ (L)} = 86.74\ (g/L)$$

Conocidos los anteriores parámetros operacionales, el siguiente paso será determinar la velocidad máxima de reacción, V_{max}, del proceso fermentativo. Esta velocidad máxima va a depender de la concentración de biomasa que existe en el medio y vendrá dada por:

$$V_{max} = Y_{s/x} \cdot \mu_{max} \cdot x = 0.356\left(\frac{gS}{gX}\right) \cdot 0.13\left(\frac{1}{h}\right) \cdot 86.74\left(\frac{gX}{L}\right) = 4.01\left(\frac{gS}{L \cdot h}\right)$$
$$= 1.12 \cdot 10^{-3}\left(\frac{g\ S}{L \cdot s}\right)$$

Finalmente, nos queda determinar el coeficiente global de transferencia de materia para cada uno de las alternativas propuestas.

Para el caso de la **esfera**, el área específica para la transferencia se calcula en función de su diámetro de la partícula de tal forma que:

$$a = \frac{6}{d_p} = \frac{6}{3 \cdot 10^{-3}\ m} = 2000\ (m^{-1})$$

Conocido el coeficiente de transporte de materia (k_s), al multiplicar se obtiene el coeficiente global ($k_s a$):

$$k_s a = 10^{-5}\left(\frac{m}{s}\right) \cdot 2000\left(\frac{1}{m}\right) = 0.02\ (s^{-1})$$

Para el caso del **biofilm**, de cara a estimar su área específica para la transferencia, es necesario calcular primeramente el espesor de dicho biofilm. El enunciado nos informa que es un paralelepípedo, y en él, debe estar contenido todo el sólido. Se conoce el volumen de sólido (777 mL) y por la definición de volumen del paralelepípedo:

$$V_S = 20\ (cm) \cdot 20\ (cm) \cdot e\ (cm) = 400e = 777\ (cm^3) \rightarrow e = 1.94\ cm$$

Entonces, el espesor del biofilm alcanzado se acerca a los 2 cm. Con este valor, se puede estimar el área específica para la transferencia del biofilm. Para su cálculo, se usa como superficie para la transferencia, las dos caras mayoritarias del Biofilm (cada una de las superficies: lado por lado) y se usa como volumen el producto de la superficie por el espesor. Teniendo esto en cuenta resulta:

$$a = \frac{Superficie}{Volumen} = \frac{2 \cdot L^2}{L^2 \cdot e} = \frac{2}{1.94 \cdot 10^{-2}\ (m)} = 103\ (m^{-1})$$

Conocido el coeficiente de transporte de materia (k_s), al multiplicar se obtiene el coeficiente global ($k_s a$):

$$k_s a = 10^{-5} \left(\frac{m}{s}\right) \cdot 103 \left(\frac{1}{m}\right) = 1.03 \cdot 10^{-3}\ (s^{-1})$$

Una vez determinadas las distintas variables que influyen en el proceso se va a considerar la ecuación de diseño de un biorreactor de mezcla completa continuo en estado estacionario para cada arquitectura (sin transferencia interna, pues nos piden asumir que no es poroso). La ecuación de diseño es la siguiente:

$$\frac{V_L}{v_0} = \frac{C_{a0} - C_{aL}}{(-r_a)_{het}} = \frac{(C_{a0} - C_{aL}) \cdot (K' + C_{aL})}{V_{max} \cdot C_{aL}}$$

El valor de K' varía para cada una de las arquitecturas:

ESFERA:

$$K' = K_m + \frac{V_{max}}{k_s a} = 0.01 \left(\frac{g}{L}\right) + \frac{1.12 \cdot 10^{-3} \left(\frac{g}{L \cdot s}\right)}{0.02 \left(\frac{1}{s}\right)} = 0.066 \left(\frac{g}{L}\right)$$

BIOFILM:

$$K' = K_m + \frac{V_{max}}{k_s a} = 0.01 \left(\frac{g}{L}\right) + \frac{1.12 \cdot 10^{-3} \left(\frac{g}{L \cdot s}\right)}{1.03 \cdot 10^{-3} \left(\frac{1}{s}\right)} = 1.097 \left(\frac{g}{L}\right)$$

Sustituyendo en la ecuación de diseño, se puede despejar el valor de C_{aL} bien resolviendo la ecuación de segundo grado, bien iterando.

Para el caso de la **ESFERA**:

$$\frac{V_L}{v_0} = \frac{(C_{a0} - C_{aL}) \cdot (K' + C_{aL})}{V_{max} \cdot C_{aL}} = \frac{0.777\ (L)}{0.12\ \left(\frac{L}{\min}\right) \cdot \frac{1}{60}\left(\frac{min}{s}\right)}$$

$$= \frac{\left(5\left(\frac{g}{L}\right) - C_{aL}\right) \cdot (0.066\left(\frac{g}{L}\right) + C_{aL})}{1.12 \cdot 10^{-3}\left(\frac{g}{L \cdot s}\right) \cdot C_{aL}} \rightarrow C_{aL} = 4.57\ (g/L)$$

Para el caso del **BIOFILM**:

$$\frac{V_L}{v_0} = \frac{(C_{a0} - C_{aL}) \cdot (K' + C_{aL})}{V_{max} \cdot C_{aL}} = \frac{0.777\ (L)}{0.12\ \left(\frac{L}{\min}\right) \cdot \frac{1}{60}\left(\frac{min}{s}\right)}$$

$$= \frac{\left(5\left(\frac{g}{L}\right) - C_{aL}\right) \cdot (1.097\left(\frac{g}{L}\right) + C_{aL})}{1.12 \cdot 10^{-3}\left(\frac{g}{L \cdot s}\right) \cdot C_{aL}} \rightarrow C_{aL} = 4.65\ (g/L)$$

En ambos casos se observa que no hay una gran **conversión**, pero que es ligeramente superior cuando se tiene el microorganismo en forma esférica: **8.6** % **frente al 7.0** %.

Para valorar el proceso que predomina es necesario calcular el factor de eficacia.

Para el caso de la **ESFERA** resulta en:

$$\eta_e = \frac{K_m + C_{AL}}{K' + C_{AL}} = \frac{0.01\ \left(\frac{g}{L}\right) + 4.57\ \left(\frac{g}{L}\right)}{0.066\ \left(\frac{g}{L}\right) + 4.57\ \left(\frac{g}{L}\right)} = 0.988$$

Este valor indica que la transferencia de materia no es significativa en el proceso, en el caso de la esfera, y el proceso va dominado por la cinética.

Para el caso del **BIOFILM**:

$$\eta_e = \frac{K_m + C_{AL}}{K' + C_{AL}} = \frac{0.01\ \left(\frac{g}{L}\right) + 4.65\ \left(\frac{g}{L}\right)}{1.097\ \left(\frac{g}{L}\right) + 4.65\ \left(\frac{g}{L}\right)} = 0.812$$

El resultado es considerablemente inferior al obtenido en la esfera. Aun así, tampoco es un número tan bajo como para afirmar que todo el proceso va controlado por el transporte de materia.

Apartado B

El problema de nuestro fermentador en biofilm es que tenemos solamente una membrana con un espesor muy grande, lo que provoca que el transporte de materia sea importante, Para que este transporte de materia disminuya y poder lograr la misma conversión que en la primera arquitectura, una alternativa es aumentar el número de membranas de biofilm. Si suponemos que se tiene la misma concentración de biomasa, para lograr la misma conversión se debe cumplir que ambas configuraciones tengan el mismo coeficiente de transporte de materia, $k_s a$.

Como k_s es una constante, el valor que se debe modificar es el área específica. En este caso, lo que se pretende es que las membranas Tengan el mismo área específica para la transferencia que los pellets (arquitectura A) que es de 2000 m^{-1}.

Sabemos, por la configuración de la membrana, que en el caso del biofilm, el área específica para la transferencia se calcula como:

$$a = \frac{Superficie}{Volumen} = \frac{2 \cdot L^2}{L^2 \cdot e} = \frac{2}{e} \rightarrow e = \frac{2}{a}$$

Sustituyendo con ese valor del área específica, se obtiene el espesor máximo necesario que podría tener el biofilm:

$$e = \frac{2}{a} = \frac{2}{2000(m^{-1})} = 0.001\,(m) = 1\,mm$$

En este caso, el espesor es considerablemente más pequeño que el determinado en el apartado A (que era de casi 2 cm). Sin embargo, el volumen de biomasa necesario es el mismo (777 cm^3), puesto que queremos que la velocidad máxima se conserve. Para conseguirlo, se deben poner varias placas de dicho biofilm en el reactor. El enunciado pregunta por el número de placas que se calcula, de tal forma que:

$$V_s = N \cdot V_{biofilm} \rightarrow N = \frac{V_s}{V_{biofilm}} = \frac{777\ (cm^3)}{20\ (cm) \cdot 20\ (cm) \cdot 0.1\ (cm)} = 19.4\ placas$$

Resulta que se necesitan 19.4 placas que, por aproximación, deberían de ser **20 placas** para conseguir la misma conversión que cuando se tiene dispuesto el microorganismo en forma de pellets.

Esta alternativa no resultaría viable, puesto que en un reactor de 10 litros de volumen puede ser complicado distribuir 20 placas con la biomasa inmovilizada.

A tenor de los resultados obtenidos parece que la alternativa más viable es el crecimiento del microorganismo en pellets. Deberían modificarse algunos parámetros del diseño (caudal especialmente) para conseguir mejor conversión.

Problema 5.3.

Biorreactor microbiano heterogéneo. Posibilidad de estudiarlo como si fuese homogéneo

En la obtención industrial de un producto de elevado valor añadido, se estudian el uso de un fermentador de mezcla completa continuo en estado estacionario. En ella se observa que los microorganismos crecen en forma de pellets de 3 mm de diámetro.

Las condiciones de operación de un fermentador de 3 L de medio son: una velocidad de dilución D = 0.06 h^{-1} que consigue una conversión del 83 % partiendo de una concentración inicial de sustrato de 30 g/L. Calcule:

A. La velocidad de crecimiento especifico μ_{max} de este microorganismo considerando el reactor como homogéneo o como heterogéneo.

B. Factor de eficacia externo.

C. Concentración de sustrato en la superficie del biofilm.

Datos: K_m = 0.3 g/L; $\rho_{biomasa}$ = 1150 kg/m^3; $Y_{s/x}$ = 3.30 gS/gX; k_s = $5 \cdot 10^{-7}$ m/s.

Apartado A

Se indica primeramente que el biorreactor se comporta como un fermentador de mezcla completa continuo en estado estacionario y homogéneo. En estas circunstancias, el balance de materia al sustrato en dicho fermentador será:

$$\boldsymbol{v_0\,(S_0 - S) = r_s \cdot x \cdot V = Y_{s/x} \cdot \mu \cdot x \cdot V = Y_{s/x} \cdot x \cdot \mu_{max} \frac{S}{K_m + S} V}$$

Como se conoce el coeficiente de campo (rendimiento) de sustrato en biomasa, se puede calcular la concentración de biomasa en el reactor, puesto que se conoce la conversión total (83 %) desde la que obtenemos la concentración de sustrato en la corriente de salida:

$$S = S_0(1 - X) = 30\left(\frac{g}{L}\right)(1 - 0.83) = 5.1\left(\frac{g\,S}{L}\right)$$

Aplicando el coeficiente de campo:

$$Y_{x/s} = \frac{x}{s_0 - s} = \frac{1}{3.30}\left(\frac{gX}{g\,S}\right) = \frac{x}{(30 - 5.1)\left(\frac{gS}{L}\right)} \rightarrow x = 7.545\left(\frac{gX}{L}\right)$$

Se dispone de todos los datos para poder sustituir en la ecuación de diseño, del balance de materia al sustrato, y despejar desde ahí la velocidad máxima de crecimiento del microorganismo (expresando el cociente entre el caudal y el volumen como el factor de dilución D):

$$\boldsymbol{v_0\,(S_0 - S) = Y_{s/x} \cdot x \cdot \mu_{max} \frac{S}{K_m + S} V}$$

$$\mu_{max} = \frac{D \cdot (S_0 - S) \cdot (K_m + S)}{x \cdot Y_{s/x} \cdot S} = \frac{0.06(h^{-1}) \cdot (30 - 5.1)\left(\frac{gS}{L}\right) \cdot (0.3 + 5.1)\left(\frac{gS}{L}\right)}{7.545\left(\frac{gX}{L}\right) \cdot 3.30\left(\frac{gS}{gX}\right) \cdot 5.1\left(\frac{gS}{L}\right)} = 0.0635(h^{-1})$$

Ahora se va a suponer que el biorreactor se comporta como un fermentador continuo en estado estacionario heterogéneo. En este caso, su ecuación de diseño va a ser la misma que la anterior, con la particularidad que la concentración de sustrato que se debe aplicar es la de la superficie del sólido (Ss). Es decir, la ecuación queda modificada de la forma que:

$$\boldsymbol{v_0\ (S_0 -\ S_L) = Y_{s/x} \cdot x \cdot \mu_{max} \frac{S_s}{K_m + S_s} V}$$

Como no es posible conocer la concentración en la superficie, se puede convertir dicha concentración a la concentración en el líquido si se sustituye el valor de Ks por el valor de K' que ya conlleva incluido el coeficiente global de transferencia de materia:

$$D\ (S_0 -\ S_L) =\ Y_{s/x} \cdot x \cdot \mu_{max} \frac{S_L}{K' + S_L}$$

Donde K' se define de la siguiente forma (análogamente a cuando se presentaban cinéticas heterogéneas: ver capítulo 4):

$$\boldsymbol{K' = K_m + \frac{Y_{s/x} \cdot x \cdot \mu_{max}}{k_s a}}$$

Es necesario, por tanto, calcular el valor de $k_s a$:

$$k_s a = k_s \frac{6}{d_p} = 5 \cdot 10^{-7} \left(\frac{m}{s}\right) \frac{6}{3 \cdot 10^{-3}\ (m)} = 0.001\ (s^{-1}) = 3.6\ (h^{-1})$$

Si sustituimos en la ecuación de diseño, podemos despejar y resolver el valor de la velocidad específica de crecimiento por iteración:

$$\boldsymbol{\mu_{max} = \frac{D \cdot (S_0 - S) \cdot (K' + S)}{x \cdot Y_{s/x} \cdot S} = \frac{D \cdot (S_0 - S_L) \cdot \left(K_m + \frac{Y_{s/x} \cdot x \cdot \mu_{max}}{k_s a} + S_L\right)}{x \cdot Y_{s/x} \cdot S_L}}$$

$$\mu_{max} = \frac{0.06\ (h^{-1}) \cdot (30 - 5.1) \left(\frac{gS}{L}\right) \cdot \left(0.3 \left(\frac{gS}{L}\right) + 5.1 \left(\frac{gS}{L}\right) + \frac{3.30\ \left(\frac{gS}{gX}\right) \cdot 7.545 \left(\frac{gX}{L}\right) \cdot \mu_{ma}}{3.6\ (h^{-1})}\right.}{7.545\ \left(\frac{gX}{L}\right) \cdot 3.30 \left(\frac{gS}{gX}\right) \cdot 5.1 \left(\frac{gS}{L}\right)}$$

$$\rightarrow \mu_{max} = 0.0691\ (h^{-1})$$

Luego se ve que el error cometido es del 8.8 % (si se considerase solamente como un homogéneo). Este error en el parámetro cinético no es elevado y asumible si se tiene presente los numerosos errores que se generan en el método experimental.

Apartado B

Se pide calcular el factor de eficacia en el reactor heterogéneo:

$$\eta_e = \frac{K_m + S_L}{K_m + S_L + \frac{Y_{s/x} \cdot x \cdot \mu_{max}}{k_s a}}$$

$$= \frac{(0.3 + 5.1\,)\left(\frac{gS}{L}\right)}{(0.3 + 5.1)\left(\frac{gS}{L}\right) + \frac{3.30\,\left(\frac{gS}{gX}\right) \cdot 7.545\left(\frac{gX}{L}\right) \cdot 0.0691(h^{-1})}{3.6(h^{-1})}}$$

$$= 0.919$$

El resultado nos indica que va a existir un cierto transporte de materia, pero este no es muy grande, con lo cual se podría decir que aproximadamente nuestro sistema se comporta como si fuese un fermentador homogéneo.

Apartado C

Finalmente, se pide calcular la concentración en la superficie del pellet del microorganismo. Para ello, debe aplicarse un balance de materia a la capa límite, donde lo que reacciona es lo que está difundiendo.

$$\boldsymbol{k_s a \cdot (S_L - S_s) = (-r_a)_{het} = Y_{s/x} \cdot x \cdot \mu_{max} \frac{S_S}{K_m + S}}$$

Se conocen todos los valores y la concentración en la superficie (S_s) se puede obtener resolviendo la ecuación de segundo grado o por iteración:

$$3.6\,(h^{-1})\cdot(5.1-S_s)\left(\frac{gS}{L}\right)$$
$$=3.30\left(\frac{gS}{gX}\right)\cdot 7.545\left(\frac{gX}{L}\right)\cdot 0.0691\,(h^{-1})\cdot\frac{S_s}{0.3\left(\frac{gS}{L}\right)+S_s}$$

$$\rightarrow S_s=4.65\left(\frac{gS}{L}\right)$$

La concentración en la superficie del pellet será de 4.65 g/L (cercana a la concentración del líquido). El error cometido para la concentración de la superficie también sería de aproximadamente el 9 %.

Problema 5.4.

Biorreactor microbiano heterogéneo para determinar el tamaño máximo de crecimiento de un hongo

Algunas especies del género *Aspergillus* crecen formando pellets (de densidad 1200 kg/m^3, con tortuosidad 1.16 y porosidad 0.35). Se tiene un reactor de tanque agitado (de 100 litros de volumen) en continuo, que se alimenta con glucosa a concentración de 5 g/L y caudal 0.25 L/min. El rendimiento de sustrato en biomasa es de 0.7 (g X/g S), la velocidad máxima de crecimiento es 0.3 h^{-1} y el coeficiente de uso de sustrato (Ks) es 0.1 g/L (asumiendo que crece con cinética de Monod). Sabiendo que la difusividad de la glucosa en agua es: $6.2 \cdot 10^{-10}$ m^2/s. Calcular:

A. El tamaño máximo de partícula que se podría alcanzar antes de la muerte celular interior (cuando hay menos de 0.01 g/L de sustrato disponible), asumiendo que no hay limitación de transferencia externa.

B. El tamaño máximo de partícula antes de la muerte celular, si se conoce que el número de Sherwood vale 12400.

C. ¿Cuál sería la concentración de glucosa a la salida del reactor en ambos apartados?

Apartado A

En el primer apartado se pide despreciar la transferencia de materia externa, y, por tanto, la concentración en la superficie del pellet será la misma que en el líquido.

Como tenemos un fermentador trabajando en estado estacionario, se puede realizar un balance a la biomasa, de tal forma que nos resulta que la velocidad de dilución (D) se iguala a la velocidad de crecimiento (que podemos expresar con la cinética de Monod, en función de la concentración del líquido, puesto que es la misma que la de la superficie).

$$D = \frac{v_0}{V} = \mu = \frac{\mu_{max} \cdot C_{sL}}{K_s + C_{sL}}$$

Si despejamos desde aquí la concentración de sustrato en el líquido:

$$C_{sL} = \frac{K_s}{\frac{\mu_{max} \cdot V}{v_0} - 1} = \frac{0.1\left(\frac{g}{L}\right)}{0.3(h^{-1}) \cdot \frac{100(L)}{0.25\left(\frac{L}{\text{min}}\right) \cdot 60\left(\frac{min}{h}\right)} - 1} = 0.1\left(\frac{g}{L}\right)$$

Como se conoce el coeficiente de campo ($Y_{x/s}$), se puede calcular la cantidad de biomasa que hay en el fermentador, en estado estacionario, formando pellets:

$$Y_{x/s} = \frac{x}{C_{S_0} - C_{sL}} \rightarrow x = Y_{x/s} \cdot \left(C_{S_0} - C_{sL}\right) = 0.7\left(\frac{gX}{gS}\right) \cdot (5 - 0.1)\left(\frac{gS}{L}\right)$$

$$= 3.43\left(\frac{gX}{L}\right)$$

Se nos impone, por otra parte, una condición límite, que la concentración en el centro del pellet sea como mínimo de 0.01 g/L, es decir, un 10 % de la concentración que hay en la superficie. El gradiente de concentración por el pellet viene marcado por el módulo de Thiele.

Tradicionalmente se ha usado el módulo de Thiele para una reacción de Michaelis-Menten, sin embargo, en esta ocasión, es necesario reformular dicho número, para adaptarlo al consumo de sustrato por parte de un microorganismo. Es necesario, por tanto, calcular el valor de q_s.

$$Y_{x/s} = \frac{q_x}{q_s} \rightarrow q_s = \frac{q_x}{Y_{x/s}} = \frac{\mu \cdot x}{Y_{x/s}}$$

Donde puedo expresar la velocidad de crecimiento, en función de la ecuación de Monod:

$$q_s = \frac{x}{Y_{x/s}} \cdot \frac{\mu_{max} \cdot C_{sL}}{K_s + C_{sL}}$$

Por analogía con el módulo de Thiele para la ecuación de Michaelis, se puede escribir el módulo de Thiele como:

$$\Phi = \frac{1}{a}\sqrt{\frac{x}{Y_{x/s}} \cdot \frac{\mu_{max}}{K_s \cdot D_{eff}}} = \frac{d_p}{6} \cdot \sqrt{\frac{x}{Y_{x/s}} \cdot \frac{\mu_{max}}{K_s \cdot D_{eff}}}$$

Es necesario, calcular la difusividad efectiva de la glucosa, antes de sustituir en la ecuación anterior:

$$D_{eff} = D_c \cdot \frac{\varepsilon}{\tau} = 6.2 \cdot 10^{-10}\left(\frac{m^2}{s}\right) \cdot \frac{0.35}{1.16} = 1.87 \cdot 10^{-10}\left(\frac{m^2}{s}\right)$$

De tal forma que, ahora, se puede expresar el módulo de Thiele en función del diámetro del pellet:

$$\Phi = \frac{d_p}{6}\sqrt{\frac{3.43\ \left(\frac{gX}{L}\right)}{0.7\ \left(\frac{gX}{gS}\right)} \cdot \frac{0.3\left(\frac{1}{h}\right) \cdot \frac{1}{3600}\left(\frac{h}{s}\right)}{0.1\ \left(\frac{g}{L}\right) \cdot 1.87 \cdot 10^{-10}\left(\frac{m^2}{s}\right)}} = 779 \cdot d_p$$

Ahora, si aplicamos la ecuación que relaciona las concentraciones en la superficie y en el interior de la partícula, para un radio adimensional muy pequeño (r* = 0.001), que prediga la concentración en el centro (sin caer en la indeterminación matemática), nos resulta la siguiente expresión:

$$C_{s_i} = \frac{C_{sS}}{r^*} \cdot \left[\frac{senoh(\Phi r^*)}{senoh(\Phi)} \right]$$

Aplicada a las exigencias de concentración del enunciado, y conocida la concentración en superficie:

$$0.01 \left(\frac{g}{L}\right) = \frac{0.1 \left(\frac{g}{L}\right)}{0.001} \cdot \frac{senoh(0.001 \cdot \Phi)}{senoh(\Phi)}$$

Se calcula el módulo de Thiele por iteración y resulta en 4.5. Con él, se calcula el diámetro de partícula desde la expresión deducida anteriormente:

$$d_p = \frac{779}{\Phi} = \frac{779}{4.5} = 5.8 \cdot 10^{-3}(m) = 5.8\ (mm)$$

El tamaño máximo de pellet que se va a alcanzar sin que en el interior ocurra muerte celular (por ausencia de glucosa) es de 5.8 mm.

Apartado B

Se informa que ahora ya hay transferencia de materia externa. Pide de nuevo el valor del tamaño máximo del pellet. Si se repite de nuevo el balance a la biomasa al fermentador (donde D es igual a la velocidad de crecimiento), se observa que se conservan todos los valores con la salvedad que ahora la concentración que se despeja no es la concentración del líquido, sino la de la superficie:

$$C_{sS} = \frac{K_s}{\frac{\mu_{max} \cdot V}{v_0} - 1} = \frac{0.1\left(\frac{g}{L}\right)}{0.3(h^{-1}) \cdot \frac{100(L)}{0.25\left(\frac{L}{\min}\right) \cdot 60\left(\frac{min}{h}\right)} - 1} = 0.1\left(\frac{g}{L}\right)$$

Como se observa, la concentración de la superficie es la misma (no así con la del líquido que será mayor). El enunciado nos informa del valor del número de Sherwood, que engloba el coeficiente de transferencia de materia de tal forma que:

$$Sh = k_s \cdot \frac{d_p}{D_a} \rightarrow k_s = Sh \cdot \frac{D_a}{d_p}$$

Que haciendo el producto por el área específica para la transferencia queda en:

$$k_s a = \frac{6 \cdot Sh \cdot D_a}{d_p^2} = \frac{6 \cdot 12400 \cdot 6.2 \cdot 10^{-10} \left(\frac{m^2}{s}\right)}{d_p^2} = 4.61 \cdot 10^{-5} \cdot \frac{1}{d_p^2}\left(\frac{1}{s}\right) = \frac{0.166}{d_p^2}\left(\frac{1}{h}\right)$$

Ahora se plantea el problema, que, debido a la transferencia de materia, la biomasa producida cambia, con respecto al problema anterior. De tal forma que si hacemos balance de materia al sustrato nos queda:

$$v_o \cdot (C_{a0} - C_{aL}) = q_s \cdot V = \frac{q_x}{Y_{x/s}} \cdot V = \frac{\mu_{max} \cdot x \cdot C_{aS}}{Y_{x/s} \cdot (K_s + C_{aS})} \cdot V$$

De esta forma, se puede despejar la concentración en el líquido respecto a la concentración de biomasa:

$$(C_{a0} - C_{aL}) = \frac{\mu_{max} \cdot x \cdot C_{aS}}{Y_{x/s} \cdot (K_s + C_{aS})} \cdot \frac{V}{v_0}$$
$$= \frac{0.3(h^{-1}) \cdot 0.1 \left(\frac{gS}{L}\right) \cdot 100\ (L)}{0.7 \left(\frac{gX}{gS}\right) \cdot (0.1 + 0.1) \left(\frac{gS}{L}\right) \cdot 0.25 \left(\frac{L}{\text{min}}\right) 60 \left(\frac{min}{h}\right)} \cdot x$$

De esta forma:

$$C_{aL} = 5 \left(\frac{g}{L}\right) - (1.43 \cdot x)$$

Pero esta misma ecuación, se puede poner utilizando K', donde va englobada la transferencia de materia, y utilizar los valores de la concentración de líquido (como en cualquier problema donde se transforman las concentraciones), resultando:

$$(C_{a0} - C_{aL}) = \frac{\mu_{max} \cdot x \cdot C_{aL}}{Y_{sx} \cdot (K' + C_{aL})} \cdot \frac{V}{v_0}$$

$$= \frac{0.3(h^{-1}) \cdot 100\ (L) \cdot C_{aL}\left(\frac{gS}{L}\right)}{0.7\left(\frac{gX}{gS}\right) \cdot (K' + C_{aL})\left(\frac{gS}{L}\right) \cdot 0.25\left(\frac{L}{\text{min}}\right) 60\left(\frac{min}{h}\right)} \cdot x$$

De esta forma:

$$C_{aL} = 5\left(\frac{g}{L}\right) - 2.86 \cdot x \cdot \frac{C_{aL}}{K' + C_{aL}}$$

Si ahora igualamos las dos ecuaciones donde hemos despejado, podemos calcular el valor del cociente:

$$\frac{C_{aL}}{K' + C_{aL}} = 0.5$$

Si operamos en esta ecuación nos queda que C_{aL} es igual al valor de K'.

Si desglosamos el valor de K' obtenemos que:

$$K' = K_s + \frac{\mu_{max} \cdot x}{Y_{sx} \cdot k_s a} = 0.01\left(\frac{g}{L}\right) + \frac{0.3(h^{-1}) \cdot x \cdot d_p^2}{0.7\left(\frac{gS}{gX}\right) \cdot 0.166(h^{-1})}$$

$$= 0.01 + 2.58 \cdot x \cdot d_p^2\left(\frac{g}{L}\right)$$

Parece por tanto que tenemos 4 incógnitas, que son: C_{aL}, K', la biomasa y el diámetro de la partícula. Se necesitan dos ecuaciones más, por tanto, que es la que se obtiene del módulo de Thiele (calculado por la ecuación de la relación de concentraciones entre el interior y la superficie del pellet) y la ecuación donde viene definido el coeficiente de campo ($Y_{x/s}$):

$$\Phi = \frac{d_p}{6} \cdot \sqrt{\frac{x}{Y_{x/s}} \cdot \frac{\mu_{max}}{K_s \cdot D_{eff}}} = \frac{d_p}{6} \cdot \sqrt{x \cdot \frac{\mu_{max}}{Y_{x/s} \cdot K_s \cdot D_{eff}}}$$

$$= \frac{d_p}{6} \cdot \sqrt{x \cdot \frac{0.3 \left(\frac{1}{h}\right) \cdot \frac{1}{3600}\left(\frac{h}{s}\right)}{0.7 \left(\frac{gX}{gS}\right) \cdot 0.1 \left(\frac{gS}{L}\right) \cdot 1.87 \cdot 10^{-10} \left(\frac{m^2}{s}\right)}} = 420.5 \cdot d_p \cdot \sqrt{x}$$

El módulo de Thiele se calcula desde la cuarta ecuación, que relaciona las concentraciones. Esta ecuación no cambia respecto al apartado A, puesto que la concentración en la superficie es la misma, y la exigencia de concentración en el interior de la partícula es la misma (el radio adimensional asumido será también constante).

$$C_{s_i} = \frac{C_{sS}}{r^*} \cdot \left[\frac{senoh(\Phi r^*)}{senoh(\Phi)}\right] \rightarrow 0.01 \left(\frac{gS}{L}\right) = \frac{0.1 \left(\frac{gS}{L}\right)}{10^{-3}} \cdot \frac{senoh(\Phi \cdot 10^{-3})}{senoh(\Phi)}$$

De esta forma, el módulo de Thiele resulta en 4.5 (como en el apartado A).

Si vamos agrupando incógnitas en las ecuaciones:

$$Y_{x/s} = \frac{x}{C_{a0} - C_{aL}} = \frac{x}{C_{a0} - K'} \rightarrow x = Y_{x/s} \cdot \left(C_{a0} - 0.01 + 2.58 \cdot x \cdot d_p^2\right)$$

$$\Phi = 420.5 \cdot d_p \cdot \sqrt{x} = 4.5 \rightarrow d_p \cdot \sqrt{x} = \frac{4.5}{420.5} = 0.0107$$

Ya se tienen, por tanto, dos ecuaciones con dos incógnitas. Al elevar al cuadrado la segunda, obtenemos el valor que debemos sustituir en la primera:

$$d_p^2 \cdot x = 0.0107^2 = 1.15 \cdot 10^{-4}$$

$$x = 0.7 \left(\frac{gX}{gS}\right) \cdot \left(5 \left(\frac{g}{L}\right) - 0.01 + 2.58 \cdot x \cdot d_p^2\right) =$$

$$= 0.7 \left(\frac{gX}{gS}\right) \cdot \left(5 \left(\frac{gS}{L}\right) - 0.01 + 2.58 \cdot 1.15 \cdot 10^{-4} \left(\frac{gS}{L}\right)\right) = 3.49 \left(\frac{gX}{L}\right)$$

Y ahora, despejando el diámetro de partícula:

$$d_p^2 \cdot x = 1.15 \cdot 10^{-4} \rightarrow d_p = \sqrt{1.15 \cdot \frac{10^{-4}}{x}} = \sqrt{1.15 \cdot \frac{10^{-4}}{3.49 \left(\frac{gX}{L}\right)}} = 5.74 \cdot 10^{-3} (m)$$

$$= 5.74\ (mm)$$

Se observa, por tanto, que ahora el tamaño máximo permitido es de 5.74 mm, que es ligeramente inferior al valor calculado en el apartado A, que era de 5.80 mm.

Apartado C

Se pregunta por la concentración de glucosa en la corriente de salida en ambos casos. Para el caso del reactor sin transferencia externa, esta concentración fue calculada en el apartado A, y resultó en **0.1** g/L.

Para el caso del apartado B, dicha concentración en el líquido se ha demostrado que es igual al valor de K', que se puede calcular por la expresión:

$$C_{aL} = K' = 0.01 + 2.58 \cdot x \cdot d_p^2 \left(\frac{g}{L}\right)$$

Si sustituimos para los valores de biomasa y diámetro de partícula, calculados en el apartado B, obtenemos:

$$C_{aL} = 0.01 + 2.58 \cdot 3.49 \cdot (5.74 \cdot 10^{-3})^2 = 0.0103 \left(\frac{g}{L}\right)$$

La concentración de glucosa, que sale del reactor es de **0.0103** **(g/L)**, que es muy inferior a la concentración que salía en el caso de no presentar resistencia a la transferencia de materia externa.

Capítulo 6

Mezcla, aireación y escalado

Problema 6.1

Cálculo de los parámetros de mezcla mecánica

La producción de exo-polisacáridos suele llevar asociada una problemática de operación debido a la elevada viscosidad de los medios de cultivo, a medida que se va secretando el polímero. En los casos de máxima producción del polisacárido metilano desde *Methylobacterium organophilum*, se estima que el medio de cultivo alcanza los 12.7 Pa.s (con densidad semejante a la del agua). El reactor del que se dispone (cilíndrico) tiene 1 m de diámetro y 2 m de altura. Para evitar causar daño celular, la velocidad de agitación no puede ser superior a 120 s^{-1}. Si se desea trabajar siempre en régimen turbulento, ¿qué tipo de agitador se debe seleccionar?, ¿y con qué diámetro? ¿Cuál será la potencia consumida debida a la agitación?

Si se desea régimen turbulento, el número de Reynolds deberá superar al menos el valor de 4000, y, por tanto, desde la definición del número de Reynolds podemos calcular el diámetro del agitador.

$$Re = \frac{\rho \cdot D_a^2 \cdot N}{\mu} \rightarrow D_a^2 = \frac{\mu \cdot Re}{N \cdot \rho} = \frac{12.7(Pa \cdot s) \cdot 4000}{120\left(\frac{1}{s}\right) \cdot 1000\left(\frac{kg}{m^3}\right)} = 0.42\ (m^2) \rightarrow D_a$$
$$= 0.65\ (m)$$

Acudiendo a las tablas, por el valor de la viscosidad tan alto (12700 cP), se debe usar una turbina Rushton. Para régimen turbulento, con una turbina Rushton, se tiene un número de la potencia de 5.2.

$$P = N_p \cdot \rho \cdot N^3 \cdot D_a^5 = 5.2 \cdot 1000 \left(\frac{kg}{m^3}\right) \cdot (120\ s^{-1})^3 \cdot (0.65\ m)^5 = 1.04 \cdot 10^9 (W)$$

Se debe comprobar que esta agitación no causa un esfuerzo cortante demasiado alto para la bacteria. Para ello, se usa la escala de turbulencia de Kolmogorov, donde la distancia entre las líneas de corriente (λ) se calcula como:

$$\lambda = \sqrt[4]{\frac{\upsilon^3}{\varepsilon}}$$

Calculando la viscosidad cinemática:

$$\upsilon = \frac{\mu}{\rho} = \frac{12.7 (Pa \cdot s)}{1000 \left(\frac{kg}{m^3}\right)} = 0.0127 \left(\frac{m^2}{s}\right)$$

Y el factor ε:

$$\varepsilon = \frac{P}{V \cdot \rho} \rightarrow V = \pi \cdot r^2 \cdot L = \pi \cdot (0.5\ m)^2 \cdot 2(m) = 1.57\ (m^3)$$

$$\varepsilon = \frac{1.042 \cdot 10^9 \left(\frac{J}{s}\right)}{1.57 (m^3) \cdot 1000 \left(\frac{kg}{m^3}\right)} = 6.63 \cdot 10^5 \left(\frac{m^2}{s^3}\right)$$

Ahora se puede sustituir ya en la ecuación anterior:

$$\lambda = \sqrt[4]{\frac{\upsilon^3}{\varepsilon}} = \sqrt[4]{\frac{\left(0.0127 \left(\frac{m^2}{s}\right)\right)^3}{6.63 \cdot 10^5 \left(\frac{m^2}{s^3}\right)}} = 0.419\ (m) = 42\ (cm)$$

La distancia entre las líneas de corriente será de 42 cm, y, por tanto, las bacterias siempre irán embebidas en las líneas de corriente, lo cual implica que no hay riesgo de estrés mecánico.

Problema 6.2

Mezcla y aireación de reactores *air-lift*

La producción de algunas proteínas recombinantes se lleva a cabo mediante el cultivo de células de insectos en reactores air-lift, como, por ejemplo, la oruga militar tardía (*Spodoptera frugiperda*). La producción de proteína solamente tiene lugar bajo condiciones de suficiente aireación, dónde debe mantenerse siempre al menos el 10 % de la saturación de oxígeno. Se conoce que el consumo de oxígeno específico de estas orugas es 0.3 nmol/(cél·h). Si se trabaja en estado estacionario y en continuo, con una concentración constante de 10^6 células por mL de reactor (con densidad y viscosidad semejantes a la del agua):

A. ¿Qué rango de valores podría tomar el diámetro del tubo interno para conseguir evitar burbujas demasiado pequeñas, y trenes de burbujas muy grandes?

B. ¿Qué caudal de aire debe proveerse al reactor, expresado en vvm?

C. ¿Cuál es el tamaño de las burbujas que salen del difusor?

Utilizar la correlación de Dhaouadi: $k_L a = 0.014 \cdot (v_g)^{0.66} (\mu)^{-0.5}$

Datos: densidad del aire (1 kg/m³), viscosidad del aire (1.8·10⁻⁵ Pa·s), presión de salida de aire (1,5 atm), volumen del reactor air-lift, 10 m³.

Constante de Henry: 1.3·10⁻³ mol/(atm L).

Apartado A

Se conocen los valores del consumo de oxígeno por parte de las células, así como la concentración celular. El balance de materia al reactor *air-lift* nos indica que se consume el oxígeno que se transfiere, de tal forma que lo podemos expresar como:

$$q_{O2} = k_L a \cdot \left(C^*_{O_2} - C_{O_2}\right) = r_{O_2} \cdot x$$

Se nos indica la saturación mínima de oxígeno que se debe conservar (referenciado como el 10 %), y, por tanto, de la expresión anterior se puede despejar el coeficiente de transferencia de materia ($k_L a$).

$$k_L a = \frac{r_{O2} \cdot x}{\left(C^*_{O_2} - C_{O_2}\right)} = \frac{r_{O2} \cdot x}{\left(C^*_{O_2} - 0.1 \cdot C^*_{O_2}\right)}$$

Para calcular la concentración de saturación del oxígeno, se recurre a la ley de Henry:

$$C^*_{O_2} = He \cdot p_{O_2} = He \cdot p \cdot x_{O_2} = 1.3 \cdot 10^{-3} \left(\frac{mol\ O_2}{atm \cdot L}\right) \cdot 1.5\ (atm) \cdot 0.21$$

$$= 4.1 \cdot 10^{-4} \left(\frac{mol\ O_2}{L}\right)$$

Una vez calculados todos los parámetros, se sustituye en la ecuación anterior:

$$k_L a = \frac{0.3 \cdot 10^{-9} \left(\frac{mol}{cel \cdot h}\right) \cdot 10^9 \left(\frac{cel}{L}\right)}{0.9 \cdot 4.1 \cdot 10^{-4} \left(\frac{mol}{L}\right)} = 813\ (h^{-1}) = 0.226\ (s^{-1})$$

Utilizando la correlación, se puede calcular la velocidad promedio de ascenso del gas:

$$k_L a = 0.014 \cdot \left(v_g\right)^{0.66} (\mu)^{-0.5} = 0.226\ (s^{-1}) = 0.014 \cdot \left(v_g\right)^{0.66} \cdot (10^{-3})^{-0.5}$$

$$\rightarrow v_g = 0.36 \left(\frac{m}{s}\right) = 36\ \left(\frac{cm}{s}\right)$$

Si ahora acudimos a la gráfica siguiente, podemos estimar el rango de diámetros en el que se podría trabajar para garantizar una correcta distribución de las burbujas (zona 2):

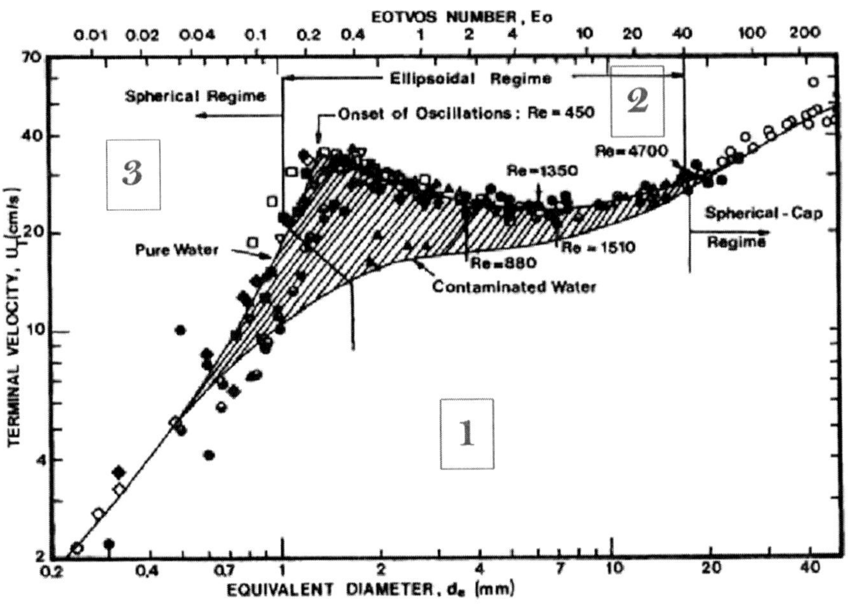

Con el valor obtenido de velocidad de ascenso del gas (36 cm/s), nos encontraremos siempre en el régimen elipsoidal (zona 2), si **el diámetro del difusor se sitúa entre 2 mm y 20 mm**.

Apartado B

El caudal que debe alimentarse al reactor es equivalente al que se consume, que se calcula como:

$$q_{O2} = r_{O_2} \cdot x = 0.3 \cdot 10^{-9} \left(\frac{mol\ O_2}{cel \cdot h}\right) \cdot 10^{9} \left(\frac{cel}{L}\right) = 0.3 \left(\frac{mol\ O_2}{L \cdot h}\right)$$

Si convertimos los moles de oxígeno en litros de aire, y expresado en minutos:

$$0.3 \left(\frac{mol\ O_2}{L_{reactor} \cdot h}\right) \cdot \frac{1}{0.21} \left(\frac{mol\ aire}{mol\ O_2}\right) \cdot \frac{1}{22.4} \left(\frac{L_{aire}}{mol\ aire}\right) \cdot \frac{1}{60} \left(\frac{h}{\mathrm{min}}\right) = 0.001 \left(\frac{L_{aire}}{L_{reactor} \cdot min}\right)$$

El caudal a alimentar, por tanto, será muy bajo, **de 0.001 vvm**, puesto que las necesidades de aireación tampoco son muy elevadas.

Apartado C

El tamaño de la burbuja al salir del difusor depende de la correlación siguiente:

$$d_B = 0.007 \cdot Re^{-0.05}$$

Calculando el número de Reynolds en el difusor, va a depender del diámetro del tubo interno (D_{ti}):

$$Re = \frac{\rho \cdot v_s \cdot D_{ti}}{\mu}$$

Calculando la velocidad de salida, en función del área y del caudal:

$$v_s = \frac{Q}{A} = \frac{Q}{\frac{\pi D_{ti}^2}{4}} = \frac{4Q}{\pi D_{ti}^2}$$

Sustituyendo en el Reynolds:

$$Re = \frac{\rho \cdot \frac{4Q}{\pi D_{ti}^2} \cdot D_{ti}}{\mu} = \frac{\rho \cdot 4 \cdot Q}{\mu \cdot \pi \cdot D_{ti}}$$

$$Re = \frac{1\left(\frac{kg}{m^3}\right) \cdot 4 \cdot 0.001\left(\frac{m_{aire}^3}{m_{reactor}^3 \cdot min}\right) \cdot 10(m_{reactor}^3) \cdot \frac{1}{60}\left(\frac{min}{s}\right)}{1.8 \cdot 10^{-5}(Pa \cdot s) \cdot \pi \cdot D_{ti}} = \frac{12.5}{D_{ti}}$$

Si quiero garantizar un régimen turbulento, Re debe valer al menos 2300, por tanto, habrá un valor máximo de D_{ti} para garantizar eso:

$$Si\ Re > 2300 \rightarrow D_{ti} < \frac{12.5}{2300} = 0.0054\ (m) \rightarrow 5.4\ (mm)$$

El resultado es consistente con el valor calculado en el apartado A, donde el diámetro debía situarse entre 2 mm y 20 mm. Para garantizar régimen turbulento en la salida del difusor, debería ser inferior a 5.4 mm.

Si buscamos optimizar la transferencia, usaremos el Reynolds más alto posible, dentro del rango que hemos visto en el apartado A, es decir, usaremos un diámetro de 2 mm. Con ese valor, el número de Reynolds obtenido es de:

$$Re = \frac{12.5}{D_{ti}} = \frac{12.5}{0.002} = 6250$$

Calculando desde ahí el diámetro de la burbuja:

$$d_B = 0.007 \cdot Re^{-0.05} = 0.007 \cdot (6250)^{-0.05} = 0.0045\ (m) = 4.5\ (mm)$$

El diámetro de la burbuja que sale del difusor es 4.5 mm.

Problema 6.3

Cálculo de la potencia máxima y el tiempo de mezcla para evitar daño celular

Se dispone de un biorreactor cilíndrico con diámetro 2 m y relación de aspecto 2, que presenta una turbina Rushton cuyo diámetro es un tercio el del reactor, y que gira a velocidad 80 rpm para no causar daño celular. Se utiliza dicho reactor para el cultivo de *Mucor rouxii*, cuyo metabolismo produce el exo-polisacárido quitosano, que incrementa considerablemente la viscosidad del caldo de cultivo. Determine la viscosidad máxima que puede alcanzarse para mantener el régimen turbulento. ¿Cuál es la potencia consumida en esas circunstancias? ¿Cuál es el tiempo de mezcla? ¿Habrá daño celular en esas condiciones?

Dato: densidad del caldo de reacción constante: 1 g/mL.

Si se quiere garantizar el régimen turbulento del caldo de cultivo, el número de Reynolds debe valer, al menos 4000, para haber superado el régimen de transición. Con los valores conocidos, se puede estimar la viscosidad máxima del caldo de cultivo.

Sabiendo que el diámetro del agitador es un tercio el diámetro del tanque:

$$D_a = \frac{1}{3} D_t = \frac{2(m)}{3} = 0.67\ (m)$$

Tomando el número de Reynolds para un tanque agitado:

$$Re = \frac{\rho \cdot N \cdot D_a^2}{\mu} \rightarrow \mu = \frac{\rho \cdot N \cdot D_a^2}{Re} = \frac{1000\left(\frac{kg}{m^3}\right) \cdot \frac{80}{60}(s^{-1}) \cdot 0.67^2(m^2)}{4000} = 0.149\left(\frac{kg}{m \cdot s}\right)$$

Por tanto, la viscosidad máxima que podría alcanzar sería de 149 cP.

Para este caso particular, teniendo una turbina Rushton (número de la potencia 5.2), se calcula la potencia consumida por agitar de la siguiente forma:

$$P = N_p \cdot \rho \cdot N^3 \cdot D_a^5 = 5.2 \cdot 1000\left(\frac{kg}{m^3}\right) \cdot \left(\frac{80}{60}\right)^3 (s^{-3}) \cdot 0.67^5(m^5) = 1664\left(kg \cdot \frac{m^2}{s^3}\right)$$

$$= 1.664\, kW$$

Si se desea conocer el tiempo de mezcla (necesario para que la concentración de un trazador en el caldo fluctúe menos del 5 %), se debe recurrir a la ecuación deducida para tal efecto, de tal forma que:

$$t_m = \frac{5.2}{N \cdot \sqrt[3]{N_p}} \cdot \left(\frac{D_t}{D_a}\right)^2 = \frac{5.2}{\frac{80}{60}(s^{-1}) \cdot \sqrt[3]{5.2}} \cdot \left(\frac{2\,(m)}{0.67\,(m)}\right)^2 = 20.3\,(s)$$

El tiempo de mezcla, para estas condiciones, será de 20.3 segundos.

Finalmente se aborda la posibilidad de daño celular por el estrés de la agitación. Para ello se utiliza la escala de turbulencia de Kolmogorov, para determinar la amplitud de las líneas de corriente (λ):

$$\lambda = \sqrt[4]{\frac{\upsilon^3}{\varepsilon}}$$

Calculando la viscosidad cinemática para el caldo con el que se trabaja:

$$\upsilon = \frac{\mu}{\rho} = \frac{0.149\,(Pa \cdot s)}{1000\left(\frac{kg}{m^3}\right)} = 1.49 \cdot 10^{-4}\left(\frac{m^2}{s}\right)$$

Y el factor ε:

$$\varepsilon = \frac{P}{V \cdot \rho} \rightarrow V = \pi \cdot r^2 \cdot L = \pi \cdot (1\ m)^2 \cdot 2\ (m) = 6.28\ (m^3)$$

$$\varepsilon = \frac{1664\ \left(\frac{J}{s}\right)}{6.28\ (m^3) \cdot 1000\left(\frac{kg}{m^3}\right)} = 0.265\left(\frac{m^2}{s^3}\right)$$

Ahora se puede sustituir ya en la ecuación anterior:

$$\lambda = \sqrt[4]{\frac{\upsilon^3}{\varepsilon}} = \sqrt[4]{\frac{\left(1.49 \cdot 10^{-4}\left(\frac{m^2}{s}\right)\right)^3}{0.265\left(\frac{m^2}{s^3}\right)}} = 1.88 \cdot 10^{-3}\ (m) = 1.88\ (mm)$$

Las líneas de corriente estarán separadas casi 2 mm y, por tanto, aplicando el criterio de como máximo dos tercios ese valor, cualquier organismo menor de 1.2 mm no sufriría muerte por estrés mecánico. Es un tamaño lo suficientemente grande para cualquier microorganismo.

Problema 6.4

Máxima concentración de biomasa a obtener según la aireación

Se tiene la bacteria *Azotobacter vinelandii* creciendo en un biorreactor de 10 m^3 para producir alginato. La solubilidad del oxígeno en ese caldo de reacción es $8.2 \cdot 10^{-3}$ kg/m^3, y la bacteria consume oxígeno a razón de 21 mmol/g·h. Si se mantiene el coeficiente k_La constante en 0.14 s^{-1}. ¿Cuál es la concentración máxima de células que se obtendría? ¿Cuáles serían las necesidades de aireación, expresadas en vvm?

Se proporciona la solubilidad del oxígeno, y se pregunta por las condiciones que hacen máxima la concentración de biomasa, que ocurre cuando la concentración de oxígeno en el caldo se hace cero (pues hace máxima la diferencia de concentraciones que multiplica a k_La).

Si realizamos el balance de materia al oxígeno, lo que se transporta (o transfiere) es lo que se consume, de tal forma que:

$$q_{O2} = k_L a \cdot \left(C^*_{O_2} - C_{O_2}\right) = r_{O_2} \cdot x$$

Despejando el valor de la biomasa de esta expresión, Y haciendo cero el valor de C_{O2}:

$$x_{max} = \frac{k_L a \cdot \left(C^*_{O_2}\right)}{r_{O_2}} = \frac{0.14\,(s^{-1}) \cdot 8.2 \cdot 10^{-3} \left(\frac{g\ O_2}{L}\right) \cdot \frac{1\ (mol\ O_2)}{32\ (g\ O_2)}}{21 \cdot 10^{-3} \left(\frac{mol\ O_2}{g \cdot h}\right) \cdot \frac{1}{3600}\left(\frac{h}{s}\right)} = 6.15\ \left(\frac{g}{L}\right)$$

La concentración máxima de biomasa que se puede alcanzar es de 6.15 g/L.

Para calcular las necesidades de aireación, se debe tener en cuenta que el oxígeno que se consume es el que se debe alimentar. Calculado para la situación de más consumo (cuando la biomasa se hace máxima):

$$q_{O2} = r_{O2} \cdot x_{max} = 21\left(\frac{mmol}{g \cdot h}\right) 6.15\left(\frac{g}{L}\right) = 129.15\left(\frac{mmol\ O_2}{L \cdot h}\right)$$

Se deben hacer las conversiones oportunas para poder calcular el caudal de entrada de aire en vvm:

$$129.15\left(\frac{mmol\ O_2}{L \cdot h}\right) \cdot \frac{1}{60}\left(\frac{h}{\text{min}}\right) \cdot \frac{1}{10^3}\left(\frac{mol\ O_2}{mmol\ O_2}\right) \cdot \frac{1}{0.21}\left(\frac{mol\ aire}{mol\ O_2}\right) 22.4\left(\frac{L\ aire}{mol\ aire}\right)$$
$$= 0.23\left(\frac{L}{L \cdot min}\right)$$

Por tanto, **el caudal de aire necesario será de 0.23 vvm.**

Problema 6.5

Escalado de un biorreactor controlado por la viscosidad del medio, usando el criterio de la potencia constante

El microorganismo *Xanthomonas campestris* se utiliza para la producción de goma xantana usada principalmente en la industria alimentaría como espesante. El principal problema de esta fermentación es que la viscosidad del medio va aumentando al producirse el producto metabólico, disminuyendo, por lo tanto, el coeficiente de transporte de oxígeno y ralentizando el crecimiento del microorganismo. Si la relación entre la viscosidad del medio y la biomasa sigue La siguiente expresión (donde la biomasa va expresada en gramos):

$$\mu\left(\frac{Kg}{m \cdot s}\right) = 10^{-3} \cdot exp \cdot [0.25 \cdot x]$$

Determinar:

A. La máxima concentración de biomasa que se puede lograr en un fermentador de laboratorio de 2 L (relación de aspecto H/D= 3:1) si se trabaja con una velocidad de agitación de 900 rpm y un caudal de aire de 2.5 vvm a 1.5 atm. El reactor está equipado con una turbina Rushton (d_a = D/3) y la velocidad especifica de consumo de oxígeno de nuestro microorganismo es 15 moles O_2/kg biomasa h. ¿Cuál es la viscosidad del medio obtenida al final de la fermentación?

B. Si para un fermentador industrial de 10 m^3 (relación de aspecto H/D= 3/1; d_a = D/4; nº turbinas = 3) se utiliza como criterio de escalado el de la potencia constante. Determinar la concentración de biomasa que se logra si la presión del aire es 2 atm. Comparar los resultados obtenidos para ambos apartados.

Datos: ρ_{medio} = 1000 Kg/m^3; C_{O2} = 0.1 C_{O2}^* (para ambos apartados); He = 790.6 (atm·L/mol).

Correlación a utilizar: $K_L a = 0.226 \cdot 10^{-3} \cdot v_g^{0.4} \cdot \left(\frac{P_g}{V}\right)^{0.6} \cdot \mu^{-0.7}$

Apartado A

Lo primero que se deben calcular son los parámetros geométricos del fermentador siendo estos:

$$V = \frac{\pi}{4} \cdot D^2 \cdot H = \frac{3\pi}{4} \cdot D^3 = 2 \cdot 10^{-3}(m^3) \rightarrow D = 0.0947\ (m) \rightarrow d_a = 0.0316\ (m)$$

Una vez conocidos los parámetros geométricos ya se pueden determinar las potencias con y sin gasificación para este fermentador de laboratorio. Así la potencia sin gasificación será:

$$P = N_p \cdot \rho \cdot N^3 \cdot d_a^5 = 5.2 \cdot 1000 \left(\frac{kg}{m^3}\right) \cdot \left(\frac{900}{60}\right)^3 (s^{-3}) \cdot (0.0316)^5 (m^5) = 0.55\ (W)$$

Calculando la relación potencia por unidad de volumen nos queda:

$$\frac{P}{V} = \frac{0.55\ (W)}{2 \cdot 10^{-3}\ (m^3)} = 274.8 \left(\frac{W}{m^3}\right)$$

Como se puede observar el valor de la potencia sin gasificación por unidad de volumen para este sistema es muy baja. Por otra parte, la potencia con gasificación va a ser:

$$P_g = 0.72\left[\frac{P^2 \cdot N \cdot d_a^3}{Q_g^{0.56}}\right]^{0.45}$$

Para poder calcular esa potencia, es necesario conocer el caudal del gas que se inyecta, que resulta de la conversión de vvm a m^3/s.

$$Q_g = 2.5\ vvm = 2.5\left(\frac{m^3}{m_{reactor}^3 \cdot \min}\right) \cdot 2 \cdot 10^{-3}(m_{reactor}^3) \cdot \frac{1}{60}\left(\frac{\min}{s}\right)$$
$$= 8.3 \cdot 10^{-5}\left(\frac{m^3}{s}\right)$$

Sustituyendo en la ecuación anterior:

$$\frac{P_g}{V} = 0.72\left[\frac{0.55^2(W^2)\left(\frac{900}{60}\right)(s^{-1})(0.0316)^3(m^3)}{\left(8.3 \cdot 10^{-5}\left(\frac{m^3}{s}\right)\right)^{0.56}}\right]^{0.45} = 0.143\ (W)$$

Al calcular la relación de la potencia con gasificación por unidad de volumen queda:

$$\frac{P}{V} = \frac{0.143\ W}{2 \cdot 10^{-3}\ (m^3)} = 71.35\ \left(\frac{W}{m^3}\right)$$

Llegado a este punto, se va a determinar la concentración de saturación de oxígeno en las condiciones de operación mediante la ley de Henry:

$$C_{O2}^* = \frac{P_{O2}}{He} = \frac{0.21 \cdot 1.5\ (atm)}{790.6\ \left(atm \cdot \frac{L}{mol}\right)} = 3.98 \cdot 10^{-4}\ \left(\frac{mol}{L}\right)$$

Y realizando ahora el balance de materia al oxígeno en la capa límite gas líquido se tiene, como en problemas anteriores:

$$K_L a \cdot (C_{O2}^* - C_{O2}) = r_{O2} \cdot x$$

$$K_L a\ (s^{-1}) = \frac{r_{O2} \cdot x}{(C_{O2}^* - C_{O2})} = \frac{15 \left(\frac{mol}{kg \cdot h}\right) \cdot \frac{1}{3600} \left(\frac{h}{s}\right)}{0.9 \cdot 3.988 \cdot 10^{-4} \left(\frac{mol}{L}\right)} \cdot x \left(\frac{kg}{L}\right) = 11.61 \cdot x \left(\frac{kg}{L}\right)$$

Pero, por otra parte, por la correlación propuesta se tiene que:

$$K_L a = 0.226 \cdot 10^{-3} \cdot v_g^{0.4} \cdot \left(\frac{P_g}{V}\right)^{0.6} \cdot \mu^{-0.7}$$

Se necesita conocer la velocidad promedio de ascenso del gas, que se aproxima con el diámetro del tanque y el caudal de gas (velocidad como caudal entre área):

$$v_g = \frac{4 \cdot Q_g}{\pi \cdot D_t^2} = \frac{4 \cdot 8.3 \cdot 10^{-5} \left(\frac{m^3}{s}\right)}{\pi \cdot (0.0947\ m)^2} = 0.0118 \left(\frac{m}{s}\right)$$

Sustituyendo en la ecuación anterior, y expresando la viscosidad como función de la biomasa (tal y como aparece en el enunciado):

$$\begin{aligned} K_L a\ (s^{-1}) &= 0.226 \cdot 10^{-3} \cdot (0.0118)^{0.4} \cdot 71.35^{0.6} \cdot (10^{-3} \cdot exp[0.25 \cdot x])^{-0.7} \\ &= 0.062 \cdot (\exp(0.25 \cdot x))^{-0.7} \end{aligned}$$

Por tanto, se tiene un sistema de dos ecuaciones con dos incógnitas (K_La y la concentración de biomasa). Resolviendo este sistema de dos ecuaciones con dos incógnitas se saca que:

$$K_L a = 0.063\ (s^{-1})\ ; x = 0.0055 \left(\frac{kg}{L}\right) = 5.5 \left(\frac{g}{L}\right)$$

Al sustituir en la ecuación anterior, nos queda que la viscosidad del medio será de:

$$\mu \left(\frac{Kg}{m \cdot s}\right) = 10^{-3} \cdot exp \cdot [0.25 \cdot 0.0055] = \mathbf{3.96} \cdot 10^{-3} \left(\frac{kg}{m \cdot s}\right)$$

Apartado B

Al igual que se hacía en el apartado anterior, lo primero que se debe realizar es caracterizar geométricamente nuestro fermentador industrial. Considerando los datos propuestos se obtienen los siguientes resultados:

$$V = \frac{\pi}{4} D_t^2 \cdot H = \frac{3\pi}{4} D_t^3 = 10\ (m^3) \rightarrow D_t = 1.62\ (m) \rightarrow d_a = 0.405\ (m)$$

Como nos están indicando que se está usando, como criterio de escalado, el método de la potencia constante, se tiene que se va a mantener tanto la potencia con y sin gasificación por unidad de volumen del apartado anterior. Así para la potencia sin gasificación se tiene:

$$\frac{P}{V} = 274.8\left(\frac{W}{m^3}\right) \rightarrow P_i = \frac{274.8\ (W/m^3) \cdot 10\ (m^3)}{3} = 916.0\ (W)$$

Se divide entre tres, por el número de agitadores.

$$P = N_p \cdot \rho \cdot N^3 \cdot d_a^5 = 5.2 \cdot 1000 \cdot \left(\frac{kg}{m^3}\right) \cdot N^3 \cdot (0.405)^5 (m^3) = 916\ (W)$$

$$\rightarrow N = 2.51\ (s^{-1})$$

Esto se convierte a una velocidad de agitación de 151 rpm.

Por otra parte, considerando ahora la potencia con gasificación por unidad de volumen se obtiene:

$$\frac{P_g}{V} = 71.35\left(\frac{W}{m^3}\right) \rightarrow P_{gi} = \frac{71.35\ (W/m^3) \cdot 10(m^3)}{3} = 237.8\ (W)$$

Sustituyendo ahora en la ecuación anterior, se puede despejar el valor del caudal de gas:

$$P_g = 0.72\left[\frac{P^2 N d_s^3}{Q_g^{0.56}}\right]^{0.45} = 0.72\left[\frac{916^2(W^2)\cdot(2.51)(s^{-1})\cdot(0.405)^3}{Q_g^{0.56}}\right]^{0.45}$$

$$= 237.8\,W\ ;\ Q_g = 0.158\left(\frac{m^3}{s}\right) = 0.947\ (vvm)$$

Se puede observar que el caudal de aire que se está introduciendo en el sistema es menor que en el caso del fermentador de laboratorio. Por otra parte, la velocidad superficial del aire en este fermentador es:

$$v_g = \frac{4\cdot Q_g}{\pi\cdot D_t^2} = \frac{4\cdot 0.158\ (m^3/s)}{\pi\cdot(1.62\ m)^2} = 0.0767\left(\frac{m}{s}\right)$$

Si comparamos este valor de la velocidad superficial del aire, factor fundamental en el transporte de oxígeno es 6 veces superior al obtenido en el de laboratorio, lo cual implica que *a priori* el transporte de oxígeno va a ser mejor en el industrial.

Llegado a este punto, se va a determinar la concentración de saturación de oxígeno en las condiciones de operación mediante la ley de Henry:

$$C_{O2}^* = \frac{P_{O2}}{He} = \frac{0.21\cdot 2\ (atm)}{790.6\left(\frac{atm\cdot L}{mol}\right)} = 5.31\cdot 10^{-4}\left(\frac{mol}{L}\right)$$

Y realizando ahora el balance al oxígeno en la capa límite nos queda:

$$K_L a\ (s^{-1}) = \frac{r_{O2}\cdot x}{(C_{O2}^* - C_{O2})} = \frac{15\left(\frac{mol}{kg\cdot h}\right)\cdot\frac{1}{3600}\left(\frac{h}{s}\right)}{0.9\cdot 5.31\cdot 10^{-4}\left(\frac{mol}{L}\right)}\cdot x\left(\frac{kg}{L}\right) = 8.72\cdot x\left(\frac{kg}{L}\right)$$

Pero, por otra parte, por la ecuación propuesta en el enunciado se tiene que:

$$K_L a = 0.226 \cdot 10^{-3} \cdot u_g^{0.4} \cdot \left(\frac{P_g}{V}\right)^{0.6} \cdot \mu^{-0.7}$$

$$K_L a \; (s^{-1}) = 0.226 \cdot 10^{-3} \cdot (0.0767)^{0.4} \cdot 71.35^{0.6} \cdot (10^{-3} \cdot exp[0.25 \cdot x])^{-0.7}$$
$$= 0.132 \cdot (\exp(0.25 \cdot x))^{-0.7}$$

Resolviendo estas ecuaciones se obtiene los siguientes resultados:

$$K_L a = 0.131 \; (s^{-1}); x = 0.015 \left(\frac{kg}{L}\right) = 15 \left(\frac{g}{L}\right)$$

Calculando desde ahí la viscosidad, como en el apartado anterior, se obtiene un valor de 42,5 cP.

Analizando los anteriores datos se ve que la cantidad de biomasa aumenta apreciablemente (casi se triplica) observándose un cambio apreciable en la viscosidad (que se multiplica por más de 10). Esto es debido tanto al aumento de la presión del aire que se está introduciendo, así como el aumento de la velocidad superficial del aire.

Problema 6.6

Escalado de la producción de penicilina

La penicilina G tiene como fórmula molecular $C_{16}H_{18}O_4N_2S$. Este compuesto se produce como metabolito secundario durante el crecimiento del hongo *Penicillium chrysogenum* (x = $CH_{1.64}O_{0.52}N_{0.16}S_{0.0046}P_{0.0054}$), cuando crece en glucosa como fuente de carbono y energía y con SO_4^{2-}, PO_4^{3-} y NH_3, como fuentes de azufre, fósforo y nitrógeno, respectivamente.

Sin embargo, para producir la penicilina G se necesita utilizar como segundo sustrato (s_2), ácido fenoxiacético ($C_8H_8O_3$). La estequiometría global para este proceso según el modelo de la caja negra se puede escribir como:

$$-CH_2O - 0.098\ CHO_{0.375} - 0.744\ O_2 - 0.045\ NH_3 - 1.30 \cdot 10^{-2}\ SO_4^{2-} - 6.92 \cdot 10^{-4}\ PO_4^{3-} + 0.127\ CH_{1.64}O_{0.52}N_{0.16}S_{0.0046}P_{0.0054} + 0.197\ CH_{1.125}O_{0.25}N_{0.125}S_{0.0625} + 0.775\ CO_2 + \beta_w H_2O = 0$$

A. Este proceso se realiza inicialmente en un fermentador de laboratorio de 20 L equipado con dos turbinas Rusthon (d_a= D_t/4) y una relación de aspecto (D_t/H = 1/3). Si el fermentador de laboratorio opera como máximo a 800 rpm y un caudal de aire de 3 vvm; determinar la máxima producción de penicilina lograda (g penicilina/h·L fermentador) si se sabe que se está trabajando a una velocidad de dilución D=0.05 h^{-1}. (P=1.7 atm,

C_{O2}=0.3·C_{O2}*). ¿Cuál es la concentración de biomasa y producto logradas?

B. Si ahora se escala la producción de penicilina a un fermentador industrial de 20 m^3 equipado con cuatro turbinas Rushton (d_a= D_t/4) usando el criterio de la potencia constante. ¿Cuáles son las condiciones de operación y la producción de penicilina lograda por unidad de fermentación? Calcularlo para dos relaciones de aspecto D_t/H = 1/3 y D_t/H =1/5 y comparar los resultados. *Datos*: P = 1.2 atm, C_{O2} = 0.3·C_{O2}*. Se supone que se trabaja a la misma velocidad de dilución que en el de laboratorio.

C. Para la relación de aspecto D_t/H =1/5, determinar la presión del aire que se requiere para lograr la misma producción de penicilina que en el de laboratorio. Comentar los resultados. La velocidad de dilución sigue siendo D = 0.05 h^{-1}.

Datos generales: la densidad y la viscosidad se consideran las del agua.

Correlación: Moo-Young para medios coalescentes: $k_La = 0.025\left(\frac{P_g}{V}\right)^{0.5} v_g^{0.4}$

Apartado A

Como en todos los problemas de escalado lo primero que se debe realizar es la caracterización geométrica de nuestro fermentador. En este caso, teniendo en cuenta los parámetros citados arriba se tiene:

$$V = \frac{\pi}{4}D_t^2 \cdot H = \frac{3\pi}{4} \cdot D_t^3 = 20 \cdot 10^{-3}\ (m^3) \rightarrow D_t = 0.204\ (m) \rightarrow d_a = 0.051\ (m)$$

Llegado a este punto, se va a determinar la potencia sin gasificación para este fermentador que será:

$$P = N_p \cdot \rho \cdot N^3 \cdot d_a^5 = 5.2 \cdot 1000 \cdot \left(\frac{800}{60}\right)^3 (s^{-3}) \cdot (0.051\ m)^5 = 4.25\ (W)$$

$$\rightarrow \frac{P}{V} = \frac{4.25\ (W) \cdot 2\ turb}{20 \cdot 10^{-3}\ (m^3)} = 425.2\ \left(\frac{W}{m^3}\right)$$

Por otra parte, la potencia con gasificación para el caudal máximo de aire permitido va a ser:

$$P_g = 0.72 \left[\frac{P^2 \cdot N \cdot d_a^3}{Q_g^{0.56}}\right]^{0.45} = 0.72 \left[\frac{(4.25\ W)^2 \cdot \left(\frac{800}{60}\right)(s^{-1}) \cdot (0.051\ m)^3}{(10^{-3}\ m^3/s)^{0.56}}\right]^{0.45}$$

$$= 0.872\ (W);$$

$$Q_g = 3\ vvm = 60\ \left(\frac{L}{min}\right) = 10^{-3}\left(\frac{m^3}{s}\right);\ v_g = \frac{4 \cdot Q_g}{\pi \cdot D_t^2} = \frac{4 \cdot 10^{-3}\left(\frac{m^3}{s}\right)}{\pi(0.204\ m)^2}$$

$$= 0.0306\left(\frac{m}{s}\right)$$

Y, por lo tanto, la potencia con gasificación por unidad de volumen es:

$$\frac{P_g}{V} = \frac{0.872\ (W) \cdot 2\ turbinas}{20 \cdot 10^{-3}(m^3)} = 87.2\ \left(\frac{W}{m^3}\right)$$

En este caso se ve que la potencia consumida por unidad de volumen es bastante pequeña.

Una vez determinados todos los parámetros de diseño se puede calcular el coeficiente de transporte de materia, k_La, para este fermentador. En este problema se va a usar la ecuación de Moo-Young para medios coalescentes:

$$k_La = 0.025\ \left(\frac{P_g}{V}\right)^{0.5} v_g^{0.4} = 0.025\ \left(87.2\ \frac{W}{m^3}\right)^{0.5} \left(0.0306\frac{m}{s}\right)^{0.4} = 5.79 \cdot 10^{-2}(s^{-1})$$

Por otra parte, realizando ahora el balance a la capa límite se tiene que en estado estacionario el consumo de oxígeno es:

$$k_L a(C_{O2}^* - C_{O2}) = q_{O2} = 0.0579\,(s^{-1}) \cdot 0.7 \cdot C_{O2}^* = 1.83 \cdot 10^{-5} \left(\frac{mol\ O_2}{L \cdot s}\right)$$

$$= 6.59 \cdot 10^{-2} \left(\frac{mol\ O_2}{L \cdot h}\right)$$

donde la concentración de saturación para este fermentador va a ser:

$$C_{O2}^* = \frac{P_{O2}}{He} = \frac{0.21 \cdot 1.7(atm)}{790.6 \left(\frac{atm \cdot L}{mol}\right)} = 4.52 \cdot 10^{-4} \left(\frac{mol}{L}\right)$$

Pero teniendo presente la ecuación de diseño de un fermentador continuo con alimentación estéril (D = μ) y la definición de coeficiente de campo se obtiene:

$$q_{O2} = r_{O2} \cdot x = Y_{O2/x} \cdot \mu \cdot x = Y_{O2/x} \cdot D \cdot x$$

Sustituyendo los valores considerando el modelo de la caja negra descrito arriba se tiene que la concentración máxima de biomasa que se puede obtener será:

$$q_{O2} = Y_{O2/x} \cdot D \cdot x = 0.240 \left(\frac{mol\ O_2}{g\ X}\right) \cdot 0.05\,(h^{-1}) \cdot x = 6.59 \cdot 10^{-2} \left(\frac{mol\ O_2}{L \cdot h}\right)$$

$$\rightarrow x = 5.50 \left(\frac{g}{L}\right)$$

Porque el coeficiente de campo se calcula desde la estequiometría:

$$Y_{O2/x} = 0.744 \left(\frac{mol\ O_2}{Cmol\ Glc}\right) \cdot \frac{1}{0.127} \left(\frac{Cmol\ GLc}{Cmol\ X}\right) = 5.88 \left(\frac{mol\ O_2}{Cmol\ X}\right) = 0.240 \left(\frac{mol\ O_2}{g\ X}\right)$$

Luego se puede observar que la concentración de biomasa obtenida es bastante baja dado que las necesidades de oxígeno de este microorganismo son muy elevadas. Por otra parte, la máxima concentración de producto y la producción de penicilina que se puede conseguir va a ser:

$$Y_{p/x} = 0.197\left(\frac{Cmol\ Peni}{Cmol\ Glc}\right)\cdot\frac{1}{0.127}\left(\frac{Cmol\ GLc}{Cmol\ X}\right) = 1.551\left(\frac{Cmol\ Peni}{Cmol\ X}\right)$$
$$= 1.264\left(\frac{g\ Peni}{gX}\right)$$

Despejando con el valor de biomasa conocida, desde el coeficiente de campo:

$$Y_{p/x} = 1.264\left(\frac{g\ Peni}{g\ X}\right) = \frac{p - p_0}{x - x_0} = \frac{p - 0}{5.50\left(\frac{g}{L}\right) - 0} \rightarrow p = 6.95\left(\frac{g}{L}\right)$$

Con ese valor, se estima la producción de penicilina, utilizando el valor de D:

$$Prod\ Penicilina = D\cdot p = 0.05\ (h^{-1})\cdot 6.95\left(\frac{g}{L}\right) = 0.347\left(\frac{g\ Peni}{L\cdot h}\right)$$

Apartado B

En este apartado se va a analizar la bondad del criterio de escalado de potencia constante para dos relaciones de aspecto. Como en ocasiones anteriores, lo primero es definir las dimensiones geométricas del fermentador para ambas relaciones de aspecto:

$$\textbf{Relación 3: 1};\ V = \frac{\pi}{4}D_t^2\cdot H = \frac{3\pi}{4}D_t^3 = 20\ (m^3) \rightarrow D_t = 2.04\ (m) \rightarrow d_a = 0.51\ (m)$$

$$\textbf{Relación 5: 1};\ V = \frac{\pi}{4}D_t^2\cdot H = \frac{5\pi}{4}D_t^3 = 20\ (m^3) \rightarrow D_t = 1.72\ (m) \rightarrow d_a = 0.43\ (m)$$

Dado que el criterio propuesto es el de mantener la potencia, esto significa que se debe mantener tanto la potencia sin y con gasificación por unidad de volumen determinada en el apartado a). Así para la potencia sin gasificación se tiene para ambas relaciones:

$$\frac{P}{V} = 425.2\left(\frac{W}{m^3}\right) \rightarrow P_i = \frac{425.2\left(\frac{W}{m^3}\right) \cdot 20\,(m^3)}{4\,turb} = 2126\,(W)$$

$$\textbf{\textit{Relación}}\ \mathbf{3{:}\,1};\ P_i = N_p \cdot \rho \cdot N^3 \cdot d_s^5 = 5.2 \cdot 1000 \cdot N^3 \cdot (0.51)^5 = 2126\,(W)$$

$$\rightarrow N = 2.28(\,s^{-1})$$

$$\textbf{\textit{Relación}}\ \mathbf{5{:}\,1};\ P_i = N_p \cdot \rho \cdot N^3 \cdot d_s^5 = 5.2 \cdot 1000 \cdot N^3 \cdot (0.43)^5 = 2126\,(W)$$

$$\rightarrow N = 3.03\,(s^{-1})$$

Se puede ver que la velocidad de agitación requerida en el industrial es menor que en el de laboratorio, pero aun así sigue siendo suficiente para mantener el fermentador agitado.

Por otra parte, manteniendo la potencia con gasificación por unidad de volumen constante se tiene que el caudal de aire necesario va a ser:

$$\frac{P_g}{V} = 87.2\left(\frac{W}{m^3}\right) \cdot P_{g,i} = \frac{87.2\left(\frac{W}{m^3}\right) \cdot 20(m^3)}{4\,turb} = 436\,(W)$$

$$\textbf{\textit{Relación}}\ \mathbf{3{:}\,1};\ P_{g,i} = 0.72\left[\frac{P^2 N d_s^3}{Q_g^{0.56}}\right]^{0.45} = 0.72\left[\frac{(2126\,W)^2 \cdot (2.28\,s^{-1}) \cdot (0.51\,m)^3}{Q_g^{0.56}}\right]^{0.45}$$

$$= 436\,(W);$$

$$\rightarrow Q_g = 0.825\left(\frac{m^3}{s}\right) = 2.47\,vvm \rightarrow v_g = \frac{4 \cdot Q_g}{\pi\,D_t^2} = \frac{4 \cdot 0.825\left(\frac{m^3}{s}\right)}{\pi(2.04\,m)^2} = 0.252\left(\frac{m}{s}\right)$$

$$\textbf{\textit{Relación}}\ \mathbf{5{:}\,1};\ P_{g,i} = 0.72\left[\frac{P^2 N d_s^3}{Q_g^{0.56}}\right]^{0.45} = 0.72\left[\frac{(2126\,W)^2 \cdot (3.03\,s^{-1}) \cdot (0.43\,m)^3}{Q_g^{0.56}}\right]^{0.45}$$

$$= 436\,(W);$$

$$\rightarrow Q_g = 0.550\left(\frac{m^3}{s}\right) = 1.65\,vvm \rightarrow v_g = \frac{4 \cdot Q_g}{\pi\,D_t^2} = \frac{4 \cdot 0.550\left(\frac{m^3}{s}\right)}{\pi(1.72\,m)^2} = 0.236\left(\frac{m}{s}\right)$$

Analizando los anteriores resultados se observa que el caudal de aire (en vvm) es un poco menor que en el de laboratorio, pero las velocidades superficiales de este son mayores; lo que va a provocar un mayor coeficiente del transporte de materia. Si se consideran los datos obtenidos hasta este punto va a ser mejor la relación 5:1, ya que necesita más agitación y menos aire.

Ahora se debe calcular el coeficiente global de transferencia de materia, k_La, para ambas relaciones, usando nuevamente la correlación de Moo-Young para medios coalescentes:

$$\boldsymbol{Relación\ 3:1};\ k_La = 0.025\left(\frac{P_g}{V}\right)^{0.5} v_g^{0.4} = 0.025\left(87.2\ \frac{W}{m^3}\right)^{0.5}\left(0.252\frac{m}{s}\right)^{0.4} = 0.134\ (s^{-1})$$

$$\boldsymbol{Relación\ 5:1};\ k_La = 0.025\left(\frac{P_g}{V}\right)^{0.5} v_g^{0.4} = 0.025\left(87.2\ \frac{W}{m^3}\right)^{0.5}\left(0.236\frac{m}{s}\right)^{0.4} = 0.131\ (s^{-1})$$

En este caso, se puede observar que el coeficiente de transporte de materia logrado para ambas arquitecturas es prácticamente el mismo y mucho mayor que el logrado en el laboratorio.

Finalmente, realizando el balance al oxígeno en la capa límite se tiene que

$$k_La(C_{O2}^* - C_{O2}) = q_{O2} = Y_{O2/x} \cdot D \cdot x$$

donde la concentración de saturación para este fermentador va a ser:

$$C_{O2}^* = \frac{P_{O2}}{He} = \frac{0.21 \cdot 1.2(atm)}{790.6\left(\frac{atm\ L}{mol}\right)} = 3.19 \cdot 10^{-4}\left(\frac{mol}{L}\right)$$

Y para cada una de las relaciones de aspecto la concentración máxima de biomasa que se puede lograr va a ser:

$$k_L a(C_{O2}^* - C_{O2}) = q_{O2}$$

$$\textbf{\textit{Relación 3:1}};\ q_{O2} = 0.134\,(s^{-1})\,0.7C_{O2}^* = 3.00 \cdot 10^{-5}\left(\frac{mol\ O_2}{L \cdot s}\right) = 0.108\left(\frac{mol\ O_2}{L \cdot h}\right)$$

$$\textbf{\textit{Relación 5:1}};\ q_{O2} = 0.131\,(s^{-1})\,0.7C_{O2}^* = 2.93 \cdot 10^{-5}\left(\frac{mol\ O_2}{L \cdot s}\right) = 0.105\left(\frac{mol\ O_2}{L \cdot h}\right)$$

Y ahora despejando desde la definición del consumo de oxígeno con el coeficiente de campo:

$$q_{O2} = Y_{O2/x} \cdot D \cdot x$$

$$\textbf{\textit{Relación 3:1}};\ q_{O2} = 0.240\left(\frac{mol\ O_2}{g\ X}\right) \cdot\ 0.05(\,h^{-1}) \cdot\ x = 0.108\left(\frac{mol\ O_2}{L \cdot h}\right) \rightarrow x = 9.0\left(\frac{g}{L}\right)$$

$$\textbf{\textit{Relación 5:1}};\ q_{O2} = 0.240\left(\frac{mol\ O_2}{g\ X}\right) \cdot\ 0.05(\,h^{-1}) \cdot\ x = 0.105\left(\frac{mol\ O_2}{L \cdot h}\right) \rightarrow x = 8.8\left(\frac{g}{L}\right)$$

Por último, la producción máxima de penicilina que se puede obtener va a ser:

$$\textbf{\textit{Relación 3:1}};\ Prod_{pen} = D \cdot Y_{p/x} \cdot x = 0.05\,(h^{-1}) \cdot 1.264\left(\frac{g\ Peni}{g\ X}\right) \cdot 9.0\left(\frac{g}{L}\right) = 0.569\left(\frac{g\ Peni}{L \cdot h}\right)$$

$$\textbf{\textit{Relación 5:1}};\ Prod_{pen} = D \cdot Y_{p/x} \cdot x = 0.05\,(h^{-1}) \cdot 1.264\left(\frac{g\ Peni}{g\ X}\right) \cdot 8.8\left(\frac{g}{L}\right) = 0.555\left(\frac{g\ Peni}{L \cdot h}\right)$$

Analizando todos los resultados obtenidos en este apartado se puede ver que la producción y la concentración de biomasa son prácticamente iguales para las dos arquitecturas y mayores que en el de laboratorio, ya que, aunque estamos introduciendo aire a menos presión la velocidad superficial es muy elevada. La relación 3:1 ofrece ligeros mejores rendimientos que la 5:1.

Apartado C

Dado que se mantienen las condiciones de agitación y de aireación, determinadas en el apartado anterior, se tiene que el coeficiente de transporte de materia para el fermentador será k_La = 0.131 h^{-1}. Y volviendo a considerar el balance al oxígeno en la capa límite se tiene:

$$k_La(C_{O2}^* - C_{O2}) = q_{O2} = Y_{O2/x} \cdot D \cdot x$$

$$q_{O2} = 0.131\ (s^{-1}) \cdot 0.7 \cdot C_{O2}^* = 0.240 \left(\frac{mol\ O_2}{g\ X}\right) \cdot 0.05\ (h^{-1}) \cdot 5.50\ \left(\frac{g}{L}\right)$$

$$\rightarrow C_{O2}^* = 2.00 \cdot 10^{-4} \left(\frac{mol\ O_2}{L}\right)$$

Y considerando la ley de Henry nos queda que la presión de aire requerida sería:

$$C_{O2}^* = \frac{P_{O2}}{He} = \frac{0.21 \cdot P\ (atm)}{790.6\ \left(\frac{atm \cdot L}{mol}\right)} = 2.00 \cdot 10^{-4}\ \left(\frac{mol}{L}\right) \rightarrow P = 0.74\ atm$$

Esto supone que se debe introducir en el fermentador aire a una presión menor que la atmosférica lo cual desde el punto de vista ingenieril no tiene ningún sentido.

Problema 6.7

Combinación de valores posibles en el escalado de la producción de eritropoyetina

La transferencia de materia de oxígeno suele ser un factor limitante cuando se produce eritropoyetina utilizando células de mamíferos. La producción ha sido optimizada en reactor de 3 L de laboratorio, donde se consigue producir hasta 12 mg/L cuando se alcanza la concentración máxima de células en el reactor (10^7 células por mL). Se conoce que el consumo específico de oxígeno es 1.2 nmol/(cel·h); y que el aire accede al reactor de laboratorio a 2 veces la presión atmosférica con un caudal de 30 vvm. Este reactor de laboratorio se agita además con una velocidad de 340 rpm utilizando una turbina Rushton de 4 cm de diámetro.

Se quiere escalar este proceso, manteniendo constante la relación potencia/volumen, y que el aire entre con el mismo caudal al reactor (en vvm). Se desea llevar la producción hasta un reactor de 350 L, que sea agitado por una turbina Rushton. Indique una posible combinación de valores de velocidad de agitación y diámetros de la turbina, sabiendo que la relación de aspecto del reactor industrial es igual a 3. ¿Cuál será la producción máxima obtenida en algunos de esos casos? (considerar el medio de cultivo como agua).

Correlación: $K_L a = 0{,}02\left(\frac{Pg}{V}\right)^{0{,}475} v_g^{0{,}4}$

Se nos informa que se ha de conservar la potencia con gasificación por unidad de volumen, la cual vamos a calcularla desde la potencia sin aireación:

$$P = N_p \cdot \rho \cdot N^3 \cdot d_a^5 = 5.2 \cdot 1000 \cdot \left(\frac{340}{60}\right)^3 (s^{-3}) \cdot (0.04\ m)^5 = 0.097\ (W)$$

Para calcular ahora la potencia con aireación, es necesario en primer lugar, estimar el caudal del gas:

$$30\ vvm = 30\ \left(\frac{L}{L \cdot min}\right)$$

$$\rightarrow Q_g = 30\left(\frac{L}{L \cdot min}\right) \cdot 3(L) \cdot \frac{1}{60}\left(\frac{min}{s}\right) \cdot 10^{-3}\left(\frac{m^3}{L}\right) = 1.5 \cdot 10^{-3}\left(\frac{m^3}{s}\right)$$

Sustituyendo en la ecuación siguiente:

$$P_g = 0.72\left[\frac{P^2 \cdot N \cdot d_a^3}{Q_g^{0.56}}\right]^{0.45} = 0.72\left[\frac{(0.097\ W)^2 \cdot \left(\frac{340}{60}\right) \cdot (0.04\ m)^3}{(1.5 \cdot 10^{-3}\ m^3/s)^{0.56}}\right]^{0.45}$$

$$= 0.013\ (W)$$

Relativizando este valor por unidad de volumen:

$$\frac{P_g}{V} = \frac{0.013\ (W)}{0.003\ (m^3)} = 4.33\ \left(\frac{W}{m^3}\right)$$

Esta potencia se conserva, y considerando que el reactor industrial tiene 0.35 m^3 de volumen, se puede calcular la potencia con gasificación necesaria para dicho reactor:

$$P_g = 4.33\ \left(\frac{W}{m^3}\right) \cdot 0.35(m^3) = 1.52\ (W)$$

Por otra parte, se informa que el caudal, en vvm se conserva, pero debe ser convertido a las unidades adecuadas:

$$Q_g = 30\left(\frac{L}{L \cdot min}\right) \cdot 350(L) \cdot \frac{1}{60}\left(\frac{min}{s}\right) \cdot 10^{-3}\left(\frac{m^3}{L}\right) = 0.175\left(\frac{m^3}{s}\right)$$

Operando en la ecuación de potencia con gasificación:

$$P_g = 0.72 \left[\frac{P^2 \cdot N \cdot d_a^3}{Q_g^{0.56}}\right]^{0.45} = \frac{0.72}{Q_g^{0,252}} (P^2 \cdot N \cdot d_a^3)^{0.45} = 1.52\ (W)$$

Si expresamos el valor de la potencia sin gasificación como función de diámetro del agitador y velocidad de agitación:

$$\left(P^2 \cdot N \cdot d_a^3\right)^{0.45} = \frac{1.52}{0.72} \cdot Q_g^{0,252} = \left(\left(N_p \cdot \rho \cdot N^3 \cdot d_a^5\right)^2 \cdot N \cdot d_a^3\right)^{0.45}$$

$$= \left(N_p^2 \cdot \rho^2 \cdot N^7 \cdot d_a^{13}\right)^{0.45}$$

Sustituyendo para los valores que se conocen:

$$\frac{1.52}{0.72} \cdot 0.175^{0.252} = \left(5.2^2 \cdot 1000^2\right)^{0.45} \cdot \left(N^7 \cdot d_a^{13}\right)^{0.45}$$

Despejando desde aquí, el producto de la velocidad de agitación y el diámetro del agitador:

$$(N^7 \cdot d_a^{13})^{0.45} = 4.03 \cdot 10^{-4}$$

Hay una amplia variedad de valores que servirían para cumplir esta igualdad. Si recurrimos a la regla del pulgar, donde el diámetro del agitador ha de ser 1/3 del diámetro del tanque, podemos fijar esa variable, y calcular desde ahí la velocidad de agitación:

$$V = \frac{\pi}{4} D_t^2 \cdot H = \frac{3\pi}{4} D_t^3 = 0.35\ (m^3) \rightarrow D_t = 0.53\ (m) \rightarrow d_a = 0.18\ (m)$$

Fijando, por tanto, ese valor de diámetro del agitador, nos resulta el valor de la velocidad:

$$N^{3.15} = \frac{4.03 \cdot 10^{-4}}{d_a^{5.85}} = \frac{4.03 \cdot 10^{-4}}{0.18^{5.85}} = 10.22 \rightarrow N = 2.09\ (s^{-1}) = 125\ rpm$$

Finalmente nos pregunta cuánto cambia la concentración máxima de biomasa a obtener. Esta es la concentración que se obtiene cuando la concentración de oxígeno en el caldo es cero. Del balance de materia al oxígeno en la capa límite:

$$k_L a(C_{O2}^* - C_{O2}) = q_{O2} = r_{O2} \cdot x \rightarrow x_{max} = \frac{k_L a \cdot C_{O2}^*}{r_{O_2}}$$

Si realizamos un cociente de las ecuaciones, sabemos que la concentración de biomasa va a depender en exclusiva del transporte de materia, que se puede expresar según la correlación del enunciado:

$$\frac{x_{max}^{lab}}{x_{max}^{ind}} = \frac{\dfrac{k_L a^{lab} \cdot C_{O2}^*}{r_{O_2}}}{\dfrac{k_L a^{ind} \cdot C_{O2}^*}{r_{O_2}}} = \frac{k_L a^{lab}}{k_L a^{ind}} = \frac{0{,}02\left(\frac{Pg}{V}\right)^{0{,}475}\left(v_g^{lab}\right)^{0.4}}{0{,}02\left(\frac{Pg}{V}\right)^{0{,}475}\left(v_g^{ind}\right)^{0.4}}$$

Como el criterio es conservar la relación Pg/V, se simplifica la expresión:

$$\frac{x_{max}^{lab}}{x_{max}^{ind}} = \frac{\left(v_g^{lab}\right)^{0.4}}{\left(v_g^{ind}\right)^{0.4}} = \left(\frac{\dfrac{4 \cdot Q_g^{lab}}{\pi \cdot D_{t_{lab}}^2}}{\dfrac{4 \cdot Q_g^{ind}}{\pi \cdot D_{t_{ind}}^2}}\right)^{0.4} = \left(\frac{D_{t_{ind}}^2 \cdot Q_g^{lab}}{D_{t_{lab}}^2 \cdot Q_g^{ind}}\right)^{0.4}$$

$$= \left(\frac{0.53^2(m^2) \cdot 1.5 \cdot 10^{-3}\left(\frac{m^3}{s}\right)}{0.108^2(m^2) \cdot 0.175\left(\frac{m^3}{s}\right)}\right)^{0.4} = 0.53$$

Por tanto, la producción en el industrial es casi el doble que en el laboratorio. Concretamente, si la producción de EPO va directamente asociada a la de biomasa (modelo de la caja negra):

$$P^{ind} = \frac{P^{lab}}{0.53} = \frac{12\left(\frac{mg}{L}\right)}{0.53} = 22.6\left(\frac{mg}{L}\right)$$

Problema 6.8

Escalado con el criterio de K_La constante

La levadura *S. pombe* consume oxígeno para crecer, a una velocidad de 100 mg/gX·h, y precisa siempre del 30 % de la saturación de oxígeno. En estado estacionario, la concentración de biomasa es de 2.4 g/L, cuando se opera a escala de laboratorio (2 litros). Manteniendo el criterio de la transferencia de materia constante, se desea diseñar un reactor de planta piloto, de 250 litros de volumen, relación de aspecto 3, que tenga 3 turbinas Rushton (de diámetro un tercio el del tanque). Si se desea trabajar siempre en régimen turbulento, calcule cuál debería ser la velocidad de agitación de las turbinas si se introduce aire a presión atmosférica con un caudal de 0.2 vvm. ¿Y con 0.5 vvm?

Correlación: $K_L a = 0{,}02\left(\frac{Pg}{V}\right)^{0{,}475} v_g^{0{,}4}$

Se nos suministra el consumo específico de oxígeno, así como la biomasa, de tal forma que se puede calcular con facilidad, el valor del coeficiente global de transferencia de materia del oxígeno al líquido. Por el balance de materia al oxígeno:

$$k_L a(C_{O2}^* - C_{O2}) = q_{O2} = r_{O2} \cdot x = 0.1\left(\frac{gO_2}{gX \cdot h}\right) \cdot 2.4\left(\frac{gX}{L}\right) = 0.24\left(\frac{gO_2}{L \cdot h}\right)$$

$$= 2.08 \cdot 10^{-6}\left(\frac{molO_2}{L \cdot s}\right)$$

Calculando el valor de la saturación de oxígeno:

$$C_{O2}^* = \frac{P_{O2}}{He} = \frac{0.21 \cdot 1\,(atm)}{790.6\,\left(\frac{atm \cdot L}{mol}\right)} = 2.65 \cdot 10^{-4}\,\left(\frac{mol}{L}\right)$$

Si ahora se despeja el valor k_La (asumiendo el criterio de un 30 % de la saturación de oxígeno):

$$k_La = \frac{q_{O2}}{(C_{O2}^* - C_{O2})} = \frac{q_{O2}}{(0.7 \cdot C_{O2}^*)} = \frac{2.08 \cdot 10^{-6}\left(\frac{molO_2}{L \cdot s}\right)}{0.7 \cdot 2.65 \cdot 10^{-4}\,\left(\frac{molO_2}{L}\right)} = 0.011\,(s^{-1})$$

Este es el valor que se ha de conservar para el reactor industrial. Utilizando la correlación del enunciado podemos operar para cada uno de los caudales que menciona el enunciado, previamente transformados a las unidades adecuadas:

$$Q_g = 0.5\,vvm = 0.5\left(\frac{L}{L \cdot min}\right) \cdot 250(L) \cdot \frac{1}{60}\left(\frac{min}{s}\right) \cdot 10^{-3}\left(\frac{m^3}{L}\right) = 2.08 \cdot 10^{-3}\left(\frac{m^3}{s}\right)$$

$$Q_g = 0.2\,vvm = 0.2\left(\frac{L}{L \cdot min}\right) \cdot 250(L) \cdot \frac{1}{60}\left(\frac{min}{s}\right) \cdot 10^{-3}\left(\frac{m^3}{L}\right) = 8.33 \cdot 10^{-4}\left(\frac{m^3}{s}\right)$$

Por otra parte, conocido el volumen del reactor industrial, y la relación de aspecto, se debe calcular el diámetro del agitador:

$$V = \frac{\pi}{4} D_t^2 \cdot H = \frac{3\pi}{4} D_t^3 = 0.25\,(m^3) \rightarrow D_t = 0.47\,(m) \rightarrow d_a = 0.16\,(m)$$

Si expresamos la potencia con gasificación en función de la potencia, y esta a su vez, la descomponemos (teniendo en cuenta que tenemos 3 agitadores):

$$P_g = 0.72\,\left[\frac{P^2 \cdot N \cdot d_a^3}{Q_g^{0.56}}\right]^{0.45} = 0.72\left[\frac{\left(3 \cdot N_p \cdot \rho \cdot N^3 \cdot d_a^5\right)^2 \cdot N \cdot d_a^3}{Q_g^{0.56}}\right]^{0.45}$$

Para las dos situaciones que se plantean, se conocen todos los valores, a excepción de la velocidad de agitación:

$$P_g = 0.72\left[\frac{(3 \cdot 5.2 \cdot 1000 \cdot N^3 \cdot 0.16^5)^2 \cdot N \cdot 0.16^3}{Q_g^{0.56}}\right]^{0.45} = 0.72 \cdot \frac{0.131 \cdot N^{3.15}}{Q_g^{0.252}}$$

Aplicado ahora para el caudal de gas que se calculó anteriormente:

Para 0.5 vvm:

$$P_g = 0.72 \cdot \frac{0.131 \cdot N^{3.15}}{(2.08 \cdot 10^{-3})^{0.252}} = 0.447 \cdot N^{3.15}$$

Para 0.2 vvm:

$$P_g = 0.72 \cdot \frac{0.131 \cdot N^{3.15}}{(8.33 \cdot 10^{-4})^{0.252}} = 0.563 \cdot N^{3.15}$$

La potencia de gasificación, será diferente para cada caso, y se calcula desde la correlación:

$$K_L a = 0.02 \left(\frac{Pg}{V}\right)^{0,475} v_g^{0,4} \rightarrow \left(\frac{Pg}{V}\right)^{0,475} = \frac{k_L a}{0.02 \cdot \left(4 \cdot \frac{Q_g}{\pi \cdot D_t^2}\right)^{0.4}}$$

Dejando el valor en función del caudal de gas:

$$\left(\frac{Pg}{V}\right)^{0,475} = \frac{0.011}{0.02 \cdot \left(4 \cdot \frac{Q_g}{\pi \cdot 0.47^2}\right)^{0.4}} = \frac{0.273}{Q_g^{0.4}}$$

Aplicado ahora a cada situación:

Para 0.5 vvm:

$$\left(\frac{Pg}{V}\right)^{0,475} = \frac{0.273}{(2.08 \cdot 10^{-3})^{0.4}} = 3.228 \rightarrow \frac{P_g}{V} = 11.78 \left(\frac{W}{m^3}\right)$$
$$\rightarrow P_g = 11.78 \left(\frac{W}{m^3}\right) \cdot 0.25(m^3) = 2.95(W)$$

Para 0.2 vvm:

$$\left(\frac{Pg}{V}\right)^{0,475} = \frac{0.273}{(8.33 \cdot 10^{-4})^{0.4}} = 4.65 \rightarrow \frac{P_g}{V} = 25.46 \left(\frac{W}{m^3}\right)$$
$$\rightarrow P_g = 25.46 \left(\frac{W}{m^3}\right) \cdot 0.25(m^3) = 6.37(W)$$

Y por tanto ahora, se puede despejar ya la velocidad de agitación de las expresiones anteriores:

Para 0.5 vvm:

$$P_g = 0.447 \cdot N^{3.15} = 2.95\ (W) \rightarrow N = 1.82\ (s^{-1}) = 177\ rpm$$

Para 0.2 vvm:

$$P_g = 0.563 \cdot N^{3.15} = 6.37(W) \rightarrow N = 2.16\ (s^{-1}) = 382\ rpm$$

Se observa, por tanto, que, si reduzco el caudal de aire, debo compensar con una mayor velocidad de agitación (aproximadamente el doble).

Capítulo 7

Esterilización

Problema 7.1

Determinación de los parámetros de esterilización en un proceso UHT de leche

La esterilización UHT de la leche (se supone que la densidad y la viscosidad de la leche son las del agua) se realiza en un esterilizador continuo compuesto por 10 tubos de 2 pulgadas de diámetro interno, y 50 m de longitud. Para estudiar su funcionamiento se realizaron las siguientes pruebas:

Q (m³/min)	2	2	2	2
T (°C)	140	160	172	186
Log (N/N_0)	-12	-12.8	-14.1	-15.3

Determinar:

A. Los parámetros de esterilización E_a, A, D y Z. Comenta los resultados

B. Si ahora para la esterilización se utiliza un autoclave (discontinuo). ¿Cuál va a ser el tiempo de esterilización si se quiere bajar 6 órdenes de magnitud la concentración de microorganismos a T=94°C?

Apartado A

Por la cinética de muerte microbiana, la caída en el número de organismos vivos se puede expresar como:

$$\frac{dN}{dt} = -k \cdot N$$

Donde k se relaciona con la temperatura a través de la ecuación de Arrhenius:

$$k = A \cdot \exp\left(-\frac{E_a}{RT}\right)$$

Si separamos variables e integramos en la ecuación diferencial nos queda que:

$$\ln\left(\frac{N}{N_0}\right) = -k \cdot t = -A \cdot \exp\left(-\frac{E_a}{RT}\right) \cdot t$$

Para poder calcular los parámetros que sugiere el apartado A, es necesario conocer el valor de k para cada una de las temperaturas dispuestas en la tabla. Para ello, necesitamos el tiempo de residencia, que se calcula por las dimensiones de los tubos, y por el caudal a tratar.

Si se tienen 10 tubos iguales, el caudal se repartirá a partes iguales, y, por tanto, será de 0.2 m^3/min. Se debe calcular la velocidad lineal como cociente del caudal y el área (convertir previamente el radio de 1 pulgada a centímetros):

$$v_s = \frac{Q}{A} = \frac{0.2\left(\frac{m^3}{min}\right)}{\pi \cdot (2.54)^2\ (cm^2)} = 98.6\left(\frac{m}{min}\right)$$

Si el tubo tiene una longitud de 50 metros, se tardará en recorrer 0.51 minutos (50/98.6). Con ese valor, y conociendo la reducción de microorganismos que se producen, se puede calcular el valor de k para las diferentes temperaturas:

$$k = \frac{\ln\left(\frac{N}{N_0}\right)}{-t}$$

Los valores obtenidos de k para cada temperatura son:

T (ºC)	140	160	172	186
k (s^{-1})	0.92	0.98	1.08	1.17

A continuación, se puede linealizar la ecuación de Arrhenius, tomando logaritmos:

$$k = A \cdot \exp\left(-\frac{E_a}{RT}\right) \rightarrow \ln(k) = \ln(A) - \frac{E_a}{R} \cdot \frac{1}{T}$$

Al representar ln(k) frente a 1/T, se obtiene la gráfica que se muestra a continuación, de dónde se obtienen los parámetros A y E_a.

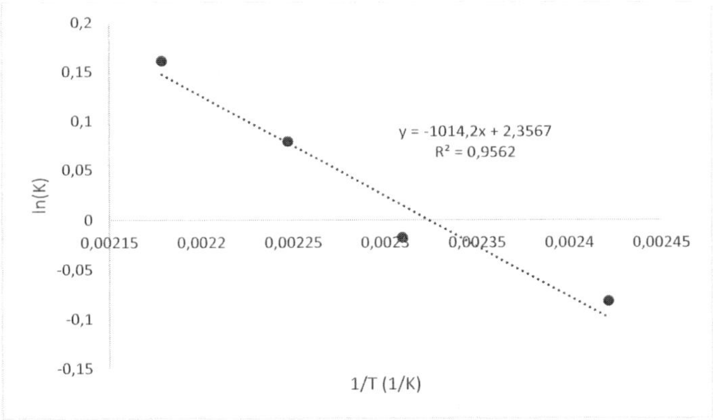

$$2.3567 = \ln(A) \rightarrow A = 10.55\ (s^{-1})$$

$$-1014(K) = \frac{-E_a}{R} \rightarrow E_a = 1014(K) \cdot R = 1014(K) \cdot 8.31\left(\frac{J}{mol \cdot K}\right) = 8.42\ \left(\frac{kJ}{mol}\right)$$

Como se tienen distintos valores de k, se corresponden con varios valores de D. El valor D se define como el tiempo al que se reduce un orden de magnitud la población microbiana. Se puede expresar como:

$$D = \frac{2.3}{k}$$

Por tanto, los valores D obtenidos, para cada temperatura son:

T (ºC)	140	160	172	186
D (s)	2.497	2.341	2.125	1.959

Para calcular el valor Z, se toman dos valores D, de dos temperaturas, y se calcula como sigue:

$$z = \frac{T_2 - T_1}{\log\left(\frac{D_1}{D_2}\right)} = \frac{160 - 140}{\log\left(\frac{2.497}{2.341}\right)} = 713\ ºC$$

Se puede observar que es un valor muy alto, puesto que el valor D casi no cambia a pesar de incrementarse la temperatura.

Apartado B

Se pide ahora el tiempo de esterilización cuando hay que trabajar a 94ºC y descender el número de microorganismos en 6 órdenes de magnitud.

En primer lugar, hay que calcular el valor D a esa temperatura, usando el valor Z.

$$\log\left(\frac{D_1}{D_2}\right) = \frac{T_2 - T_1}{Z} = \frac{94 - 140}{713} = -0.0645 \rightarrow \frac{D_1}{D_2} = 10^{-0.0645} = 0.862$$

$$\rightarrow D_2 = \frac{D_1}{0.862} = \frac{2.497}{0.862} = 2.897\ (s)$$

Si se debe reducir 6 órdenes de magnitud, el tiempo será 6 veces este que es el calculado para un orden de magnitud, es decir: **17.38 segundos** (2.897·6).

Problema 7.2

Comparación de esterilización de un alimento en continuo y en discontinuo

La masa de las croquetas congeladas debe sufrir un proceso de esterilización para evitar la presencia de *Bacillus cereus*. Se conoce que el tiempo de reducción decimal de este organismo, a 112 ºC son 6 segundos, y el valor Z es 7 ºC. La masa accede al proceso de esterilización con una concentración de 10^{13} bacterias por kg, y se establece como límite sanitario máximo 10 bacterias por kg.

A. Se plantea en primer lugar un autoclave en discontinuo, trabajando a 98 ºC, ¿cuál es el tiempo de esterilización?

B. Se desea implementar en continuo este proceso, con 4 tubos, con 50 m de longitud cada una, y diámetro interno de 1.2 cm. Si se desea tratar 0.1 m^3/min de masa de croquetas, ¿cuál debe ser la temperatura de esterilización?

Datos: densidad de la masa de croquetas: 1220 kg/m^3, viscosidad: 2.1 cP.

Apartado A

Se conoce el valor D a 112ºC, pero se debe conocer a 98ºC que es la temperatura de trabajo del autoclave según el enunciado. La conversión la realizamos con el valor Z.

$$\log\left(\frac{D_1}{D_2}\right) = \frac{T_2 - T_1}{Z} = \frac{112°\text{C} - 98°\text{C}}{7°\text{C}} = 2 \rightarrow \frac{D_1}{D_2} = 10^2 = 100$$

$$\rightarrow D_1 = 100 \cdot D_2 = 100 \cdot 6(s) = 600\ (s) = 10\ (min)$$

Se precisa una reducción de 12 órdenes de magnitud (pasando de 10^{13} a 10 bacterias por kg), así que el tiempo para conseguirlo será 12 veces el valor D que se acaba de calcular, es decir, **120 minutos (2 horas)**.

Apartado B

El caudal a tratar, se divide de forma equitativa entre los 4 tubos, y conociendo las dimensiones de los mismos, se puede calcular la velocidad lineal en el interior del tubo:

$$v_s = \frac{Q}{A} = \frac{0.025\left(\frac{m^3}{min}\right)}{\pi \cdot (0.6)^2\ (cm^2)} = 3.68\left(\frac{m}{s}\right)$$

Con el valor de la velocidad se puede calcular el número de Reynolds:

$$Re = \frac{\rho \cdot v_s \cdot d_{ti}}{\mu} = \frac{1220\left(\frac{kg}{m^3}\right) \cdot 3.68\left(\frac{m}{s}\right) \cdot 0.012(m)}{2.1 \cdot 10^{-3}\left(\frac{kg}{m \cdot s}\right)} = 25655$$

Con este valor, se puede asegurar que nos encontramos ante un régimen turbulento en el interior de las tuberías del esterilizador continuo. Ahora, acudiendo a la gráfica, se puede calcular el valor de la dispersión axial en dichas tuberías:

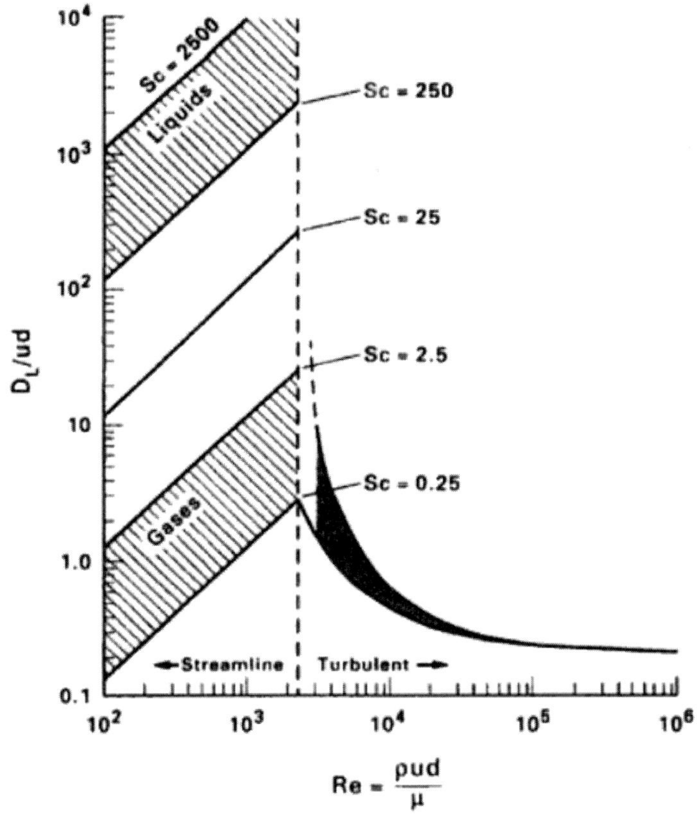

Para estos valores de Re, se estima que el cociente de la dispersión axial y la velocidad y diámetro de tubería toma un valor de 0.3. Por tanto:

$$\frac{D_L}{v_s \cdot d_{ti}} \cong 0.3 \rightarrow D_L = 0.3 \cdot v_s \cdot d_{ti} = 0.3 \cdot 3.68 \left(\frac{m}{s}\right) \cdot 0.012(m) = 0.013 \left(\frac{m^2}{s}\right)$$

Con este valor se calcula el número de Peclet:

$$Pe = \frac{v_s \cdot L}{D_L} = \frac{3.68 \left(\frac{m}{s}\right) \cdot 50(m)}{0.013 \left(\frac{m^2}{s}\right)} = 14153$$

Se obtiene, por tanto, un valor muy elevado del número de Peclet, que en la gráfica siguiente se considerará como infinito.

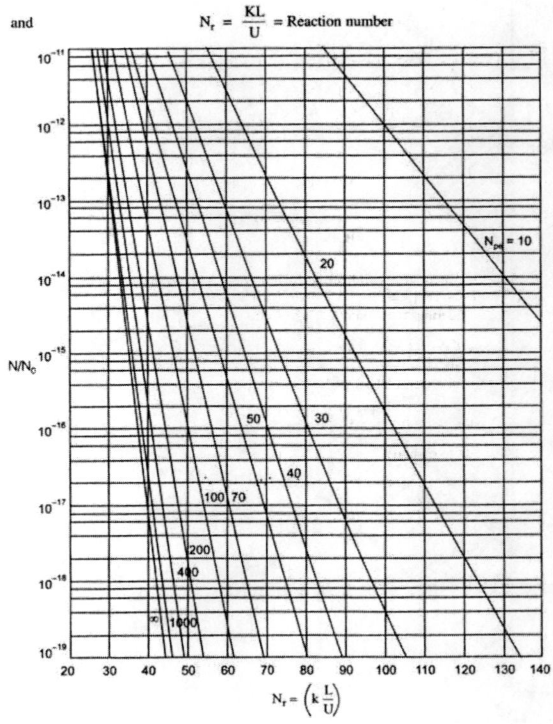

Desde dicha gráfica, sabiendo que la reducción ha de ser de 10^{-12}, se estima el número de la reacción, desde el punto de corte de los tres valores (Peclet, reducción y número de reacción). Se estima en un número de la reacción de 28. Y desde el número de la reacción, el valor de k para la temperatura a la que esté operando el esterilizador continuo.

$$N_r = \frac{k \cdot L}{v_s} \rightarrow k = \frac{N_r \cdot v_s}{L} = \frac{28 \cdot 3.68 \left(\frac{m}{s}\right)}{50(m)} = 2.06(s^{-1})$$

Desde este valor de k se calcula el valor de D correspondiente:

$$D = \frac{2.3}{k} = \frac{2.3}{2.06(s^{-1})} = 1.12(s)$$

Y ahora, usando el valor Z, para la temperatura que ya se conoce su valor D (112ºC), se estima la temperatura de operación del esterilizador continuo:

$$z = \frac{T_2 - T_1}{\log\left(\frac{D_1}{D_2}\right)} \rightarrow T_2 - T_1 = z \cdot \log\left(\frac{D_1}{D_2}\right)$$

Sea la T_2, la temperatura a calcular, que se corresponde con D_2 = 1.12 (s), y sea la T_1 la correspondiente a 112ºC y un valor D_1 de 6 (s).

$$T_2 = T_1 + z \cdot \log\left(\frac{D_1}{D_2}\right) = 112(°C) + 7(°C) \cdot \log\left(\frac{6(\,s)}{1.12\ (s)}\right) = 117.1(°C)$$

La temperatura de operación habría de ser de 117ºC.

Problema 7.3

Diseño de esterilizadores en continuo. Estimación de la longitud de tubo

Listeria monocytogenes es un patógeno habitual en la leche cruda. Se desea esterilizar en continuo (utilizando un tubo de diámetro interno 2 cm) leche de cabra para la fabricación de queso, con un caudal de 20 litros al minuto. Se conoce que esta bacteria presenta un valor D de 2 segundos a 130ºC. Se quiere reducir la presencia de la bacteria en 14 órdenes de magnitud, usándose vapor de agua por un tubo concéntrico a 130ºC. ¿Cuál debería ser la longitud del tubo? (asumir densidad y viscosidad del agua).

Para el diseño del esterilizador en continuo (su longitud), debemos tener en cuenta que ese parámetro va incluido en los dos números adimensionales: número de la reacción y número de Peclet, y, por tanto, se debe estimar por iteración.

En primer lugar, calcular el valor de k, desde D:

$$k = \frac{2.3}{D} = \frac{2.3}{2\ (s^{-1})} = 1.15(s^{-1})$$

Por otra parte, calcular la dispersión axial, y para ello es necesario calcular el número de Reynolds, para el que se precisa la velocidad lineal por el interior del tubo:

$$v_s = \frac{Q}{A} = \frac{0.02\left(\frac{m^3}{min}\right)}{\pi \cdot (1)^2\ (cm^2)} = 1.06\left(\frac{m}{s}\right)$$

Con el valor de la velocidad se puede calcular el número de Reynolds:

$$Re = \frac{\rho \cdot v_s \cdot d_{ti}}{\mu} = \frac{1000\left(\frac{kg}{m^3}\right) \cdot 1.06\left(\frac{m}{s}\right) \cdot 0.02(m)}{10^{-3}\left(\frac{kg}{m \cdot s}\right)} = 2.12 \cdot 10^4$$

Con este número de Reynolds, acudiendo a la gráfica, se puede calcular el valor de la dispersión axial (ver gráficas de problema 7.2).

$$\frac{D_L}{v_s \cdot d_{ti}} \cong 0.3 \rightarrow D_L = 0.3 \cdot v_s \cdot d_{ti} = 0.3 \cdot 1.06\left(\frac{m}{s}\right) \cdot 0.02(m) = 0.00636\left(\frac{m^2}{s}\right)$$

Una vez conocidos estos valores, se opera en el número de la reacción y el número de Peclet:

$$Pe = \frac{v_s \cdot L}{D_L} = \frac{1.06\left(\frac{m}{s}\right) \cdot L(m)}{0.00636\left(\frac{m^2}{s}\right)} = 166.7 \cdot L(m)$$

$$N_r = \frac{k \cdot L}{v_s} = \frac{1.15(s^{-1}) \cdot L(m)}{1.06\left(\frac{m}{s}\right)} = 1.08 \cdot L(m)$$

El enunciado indica una reducción de 14 órdenes de magnitud, que será el valor del eje Y de la gráfica (ver problema 7.2) en el que nos debemos mover. Dado que el Peclet va a tender a infinito con facilidad (en cuanto L sea mayor de 10 metros), vamos a suponer que Peclet es, por tanto, infinito, y se debe calcular el correspondiente número de la reacción, que nos resulta, según la gráfica en 33. Con ese número, calculamos la longitud del tubo:

$$L = \frac{N_r \cdot v_s}{k} = \frac{33 \cdot 1.06\left(\frac{m}{s}\right)}{1.15(s^{-1})} = 30.4\ (m)$$

Se debe comprobar la suposición que hicimos anteriormente, y calcular el Peclet para esa longitud, que resulta en:

$$Pe = 166.7 \cdot L(m) = 166.7 \cdot 30.4 = 5070$$

Ese número tiene, en la gráfica, la misma consideración que infinito, y, por tanto, la suposición ha sido acertada. **La longitud del tubo del esterilizador continuo ha de ser 30.4 metros.**

Problema 7.4

Esterilización conjunta de dos microorganismos

Un alimento se encuentra contaminado con dos microorganismos: cuyos parámetros cinéticos de muerte celular son, respectivamente:

- *Microorganismo A; D(110 °C) = 3.0 min; Z = 9 °C.*
- *Microorganismo B; D(117 °C) = 0.3 min; Z = 12 °C.*

Dicho alimento se esteriliza en un esterilizador continúo constituido por 20 tubos de 300 m y 2 cm de diámetro.

A. Determinar la temperatura de esterilización y el caudal tratado si se sabe que el grado de esterilización del microorganismo B es el doble que el de A.

B. El alimento anterior se puede esterilizar también usando un autoclave el cual presenta el siguiente perfil de temperaturas.

t (min)	0	8	16	24	32	∞
T (°C)	48	82	97	108	116	116

Si las concentraciones iniciales de ambos microorganismos son n_0 (A) = 10^{12} cel/mL, y n_0(B) = 10^{10} cel/mL, ¿cuál va a ser el tiempo requerido de esterilización y la temperatura final si se quiere que la concentración de A final sea 0.01 cel/mL? ¿Cuál va a ser el tiempo requerido de esterilización y la temperatura final si se quiere que la concentración de B final sea 0.01 cel/mL? Comparar ambos resultados.

Apartado A

En este caso, como se proporciona el tiempo de reducción decimal y el parámetro Z, es mejor usar estos datos que la energía de activación y el factor pre-exponencial de la ecuación de Arrhenius. Si llamamos G al grado de esterilización del microorganismo A se tiene que cumplir la siguiente relación:

$$Mic\ A;\ t_{est} = G \cdot D_A; Mic\ B;\ t_{est} = 2 \cdot G \cdot D_B;$$

Como los tiempos de esterilización, han de ser iguales (el alimento circula por el mismo esterilizador), se debe cumplir que:

$$D_A = 2 \cdot D_B$$

Se conocen los valores D a diferentes temperaturas para cada uno de los microorganismos, y se debe calcular la temperatura que cumplirá con la ecuación anterior. Por la definición de valor Z:

$$Z = \frac{T_2 - T_1}{\log\left(\frac{D_1}{D_2}\right)}$$

Sea T_1 la temperatura que se desea conocer (la de operación del esterilizador), que le corresponde un tiempo D_1, que es el que se relacionará entre los microorganismos A y B como se expresó antes.

Para el microorganismo A:

$$Log\left(\frac{D_A}{3\ min}\right) = \frac{110\ °C - T}{9\ ºC}$$

Para el microorganismo B:

$$Log\left(\frac{D_B}{0.3\ min}\right) = \frac{117\ °C - T}{12}$$

Poniendo D_A en función de D_B nos quedan dos ecuaciones con dos incógnitas:

$$-T = 12 \cdot Log\left(\frac{D_B}{0.3\ min}\right) - 117$$

$$-T = 9 \cdot Log\left(\frac{2 \cdot D_B}{3\ min}\right) - 110$$

Resolviendo por iteración, resulta en:

$$T = 114.2\ °C;\ D_A = 1.034\ min;\ D_B = 0.517\ min$$

Por tanto, el tiempo de esterilización usando A como referencia es

$$t_{est} = 1.034 \cdot G\ (min)$$

Así pues, va a depender del grado de esterilización logrado. Ese tiempo lo podemos relacionar con el caudal del esterilizador. Por otra parte, el caudal en el esterilizador, la velocidad lineal y el número de Reynolds en cada tubo van a ser:

$$v = \frac{300\ (m)}{1.034 \cdot G\ (min)} = \frac{5}{1.034 \cdot G}\left(\frac{m}{s}\right)$$

$$Q = 20 \cdot A \cdot v = 20 \cdot \frac{\pi D^2}{4} v = 20 \cdot \frac{\pi \cdot (0.02)^2}{4} \frac{5}{1.034 \cdot G} = \frac{0.0303}{G}\left(\frac{m^3}{s}\right)$$

$$Re = \frac{\rho \cdot D}{\mu} \cdot v = \frac{1000 \cdot 0.02}{0.001} \cdot \frac{5}{1.034 \cdot G} = \frac{96712}{G}$$

Por tanto, existen numerosas soluciones en función del grado de esterilización deseado, pero se puede establecer el intervalo de operación en el cual el esterilizador va a funcionar bien. Primeramente, el flujo en los tubos debe ser turbulento (Re > 10000), es decir, que el grado de esterilización debería ser, como máximo de valor G = 9,7.

Por otra parte, la velocidad dentro de los tubos no debe superar 3-4 m/s (por convenio), poniendo el límite inferior nos indica que el grado de esterilización debe ser superior a 1.61. Por lo tanto, este esterilizador funcionará bien cuando el grado de esterilización del microorganismo A se encuentre en el intervalo [1.6-9.7].

En la siguiente tabla se recogen algunas de las soluciones posibles:

G	v (m/s)	Q (m^3/s)
2	2,418	0,0152
3	1,612	0,0101
4	1,209	0,0076
5	0,967	0,0061

G	v (m/s)	Q (m^3/s)
6	0,806	0,0051
7	0,691	0,0043
8	0,604	0,0038
9	0,537	0,0034
10	0,484	0,0030

Como se puede ver, se pueden alcanzar grados de esterilización entre 2 y 10.

Apartado B

En este caso se trata de un esterilizador discontinuo con un perfil de temperatura, por lo tanto, para cada una de las temperaturas va a existir un tiempo de reducción decimal distinto, lo que nos obliga a realizar la integral numérica correspondiente. Por la cinética de muerte microbiana:

$$Ln\left(\frac{N_0}{N}\right) = \int K \cdot dt$$

Si lo aplicamos a la reducción decimal:

$$Ln\left(\frac{N_0}{N}\right) = \ln(10) \int \frac{dt}{D}$$

Aplicando las condiciones que indica el enunciado, de necesidades de reducción microbiana:

$$Mic\ A; Ln\left(\frac{10^{12}}{0.01}\right) = \ln(10)\int\frac{dt}{D} \rightarrow \int\frac{dt}{D} = 14$$
$$Mic\ B; Ln\left(\frac{10^{10}}{0.01}\right) = \ln(10)\int\frac{dt}{D} \rightarrow \int\frac{dt}{D} = 12$$

Como se conoce el valor Z para cada microorganismo, se puede calcular el valor D para cada microorganismo, a las diferentes temperaturas (T) que se indicaron en la tabla.

$$Log\left(\frac{D_A}{3\ min}\right) = \frac{110°C - T}{9\ °C}$$
$$Log\left(\frac{D_B}{0.3\ min}\right) = \frac{117\ °C - T}{12\ °C}$$

Con el valor de D para cada temperatura, se puede calcular el área bajo la curva (correspondiente a la integral), sustituyendo también por el valor del tiempo correspondiente.

En la tabla siguiente, se indican los resultados de ese cálculo:

t (min)	T (ºC)	D_A (min)	D_B (min)	Área A	Área B
0	48	$2.32 \cdot 10^7$	$1.69 \cdot 10^5$	0	0
8	82	3874.6	247.6	0.001	0.016
16	97	83.477	13.925	0.050	0.320
24	108	5.004	1.687	0.897	2.978
32	116	0.646	0.363	7.885	16.354

Analizando los datos se observa que para el microorganismo A, a los 32 min de esterilización no se logra el área requerida (14) mientras que sí que se alcanza para el microorganismo B, cuya área al final (16.3) supera el valor necesario (12).

Para conseguir la esterilización en el caso de A, será necesario aumentar un tiempo extra, hasta alcanzar el valor de la integral.

Se calcula, restando al área que se necesita, el valor ya conseguido a los 32 minutos, y esto se iguala al valor de la integral numérica, desde donde se puede despejar el tiempo:

$$14 - 7.885 = \frac{\Delta t}{D_{116^{o}C}} = \frac{\Delta t}{0.646(\text{min})} \rightarrow \Delta t = 3.95\, min;\ t_{total} = 36\, min$$

Por tanto, será necesario permanecer al menos 4 minutos a 116ºC para conseguir la esterilización deseada.

Para el caso del microorganismo B, se puede incluso reducir, pues se esteriliza antes de los 32 minutos. El problema es que en ese intervalo (24 a 32 minutos), hay dos temperaturas diferentes, y, por tanto, dos valores diferentes de D. Se puede usar una aproximación y tomar un valor intermedio entre 3 y 16 minutos (se toman 8 minutos, por interpolación).

Si operamos de forma análoga a cómo hicimos con A:

$$\frac{12 - 2.978}{16.354 - 2.978} = \frac{\Delta t}{8\, min} \rightarrow \Delta t = 5.40\,\text{min} \rightarrow t_{total} = 24 + 5.40\, min = 29.4\, min$$

Por tanto, la esterilización deseada ya se alcanza a los 29 minutos de tratamiento en autoclave. Por tanto, no será necesario alcanzar la temperatura de 116ºC para conseguir el grado de esterilización deseado. Interpolando de manera análoga, se tiene que la temperatura final para la esterilización de B es 114.7ºC.

Problema 7.5

Cálculo de la temperatura de esterilización para un medio de cultivo en continuo

Se desea esterilizar un medio de cultivo antes de realizar una fermentación. Para ello se utiliza un esterilizador de tubos concéntricos (con un tubo único, de diámetro interno 8 cm y longitud 21 metros) que es capaz de operar a 3 m^3/h. Se estima que la concentración inicial de bacterias es de 10^{13} por cada metro cúbico. La energía de activación y la constante de Arrhenius para estas bacterias es, respectivamente, 234 kJ/mol y 10^{31} h^{-1}. El máximo riesgo que se puede tolerar, es detectar una bacteria por cada 60 días de operación. Si la densidad y la viscosidad del medio se pueden considerar las del agua, ¿cuál debería ser la temperatura de operación?

Debemos convertir el límite tolerable en una concentración, y para ello, usar el caudal que se nos suministra en el problema. ¿Cuánto volumen se trata en esos 60 días?

$$60\ días \frac{24\ h}{1\ día} \frac{3\ m^3}{h} = 4320\ (m^3)$$

Por tanto, la concentración de bacterias que se puede tolerar es de:

$$\frac{1\ bact}{4320\ m^3} = 2.3 \cdot 10^{-4} \left(\frac{bact}{m^3}\right)$$

Con este valor se puede calcular el grado de esterilización, conociendo la concentración de partida:

$$\frac{N}{N_0} = \frac{2.3 \cdot 10^{-4}}{10^{13}} = 2.3 \cdot 10^{-17}$$

Desde el caudal y con las dimensiones de los tubos, se puede calcular la velocidad superficial del fluido.

$$v_s = \frac{Q}{A} = \frac{3\ (m^3/h)}{\pi \cdot (0.04^2)(m^2)} = 0.167 \left(\frac{m}{s}\right)$$

Con esta velocidad se calcula el número de Reynolds:

$$Re = \frac{\rho \cdot v_s \cdot d_{ti}}{\mu} = \frac{1000 \left(\frac{kg}{m^3}\right) \cdot 0.167 \left(\frac{m}{s}\right) \cdot 0.08(m)}{0.001 \left(\frac{kg}{m \cdot s}\right)} = 1.33 \cdot 10^4$$

Con ese número de Reynolds, acudiendo a la gráfica (ver problema 7.2) se estima que:

$$\frac{D_L}{v_s \cdot d_{ti}} \cong 0.4 \rightarrow D_L = 0.4 \cdot v_s \cdot d_{ti} = 0.4 \cdot 0.167 \left(\frac{m}{s}\right) \cdot 0.08(m)$$
$$= 0.0053 \left(\frac{m^2}{s}\right)$$

Conocido el valor de la dispersión axial, se calcula el valor del número de Peclet:

$$Pe = \frac{v_s \cdot L}{D_L} = \frac{0.167 \left(\frac{m}{s}\right) \cdot 21(m)}{0.0053 \left(\frac{m^2}{s}\right)} = 656$$

Conocidos el número de Peclet y el grado de esterilización, se calculará el número de la reacción correspondiente, desde la gráfica (ver problema 7.2). Resulta en un número de la reacción de aproximadamente 44. Desde este **número se deduce el valor de k.**

$$N_r = \frac{k \cdot L}{v_s} \rightarrow k = \frac{N_r \cdot v_s}{L} = \frac{44 \cdot 0.167 \left(\frac{m}{s}\right)}{21\ (m)} = 0.35 \left(\frac{1}{s}\right)$$

La constante cinética de muerte celular (k) se relaciona con la temperatura por la ecuación de Arrhenius, de donde podemos despejarla.

$$k = A \cdot \exp\left(\frac{-E_a}{R \cdot T}\right) \rightarrow \ln(k) = \ln(A) - \frac{E_a}{R \cdot T} \rightarrow T = \frac{-E_a}{R \cdot (\ln(k) - \ln(A))}$$

$$T = \frac{-234 \cdot 10^3 \left(\frac{J}{mol}\right)}{8.31 \left(\frac{J}{mol \cdot K}\right) \cdot \left(\ln(0.35) - \ln\left(\frac{10^{31}}{3600}\right)\right)} = 438\ K$$

La temperatura de esterilización será de 438 K que se corresponde con 165ºC.

Problema 7.6

Influencia del pH junto a la temperatura en los parámetros de esterilización

Bacillus licheniformis es uno de los microorganismos más problemáticos en las conservas vegetales. El problema de este microorganismo no es que sea nocivo, ya que es un microorganismo GRAS, sino que crece bien en medio ácido, elevando el pH y permitiendo un posterior crecimiento de otros microorganismos como el *Clostridium botulinum*. Según los trabajos de Palop, los parámetros de esterilización de este microorganismo a diferentes temperaturas y pH se recogen en la tabla adjunta:

pH =4		pH = 5		pH =6		pH =7	
Temp (ºC)	**D_t** (min)	**Temp** (ºC)	**D_t** (min)	**Temp** (ºC)	**D_t** (min)	**Temp** (ºC)	**D_t** (min)
92,9	0.48	93	2.3	99	1.5	99	4.2
96	0.26	99	0.52	105	0.17	102	2.2
99	0.23	104.9	0.093	110.8	0.038	111	0.11
102	0.081	111	0.019	116.9	0.0055	113.9	0.033
108	0.031					119.9	0.0042
113.9	0.0048						

Con estos datos determinar:

A. La energía de activación y el factor preexponencial para cada uno de los pH analizados.

B. El factor Z de esterilización de este microorganismo para las diferentes condiciones.

C. Si las latas de conserva se esterilizan en un autoclave discontinuo a temperatura constante, cuál va a ser el tiempo de esterilización para los distintos pH a 90ºC y 100ºC si la concentración inicial de microrganismos es de 10^8 cepas/mL y la final 10 cepas/mL.

Apartado A

En la tabla superior nos están dando el tiempo de reducción decimal D para diferentes temperaturas y pH. Pero se sabe que la relación entre el tiempo de reducción decimal D y la constante de muerte, K, va a venir dada por:

$$K = \frac{ln\, 10}{D} = \frac{2.303}{D}$$

Considerando ahora la ecuación de Arrhenius se tiene:

$$K = A \cdot exp\left[\frac{-E_a}{RT}\right] \rightarrow linealizando{:}\ Ln\, K = Ln\, A - \frac{E_a}{RT} = ln\left(\frac{ln\, 10}{D}\right)$$

Si llegado a este punto, se representa Ln K vs. 1/T para cada pH se obtendría una línea recta cuya pendiente es $-E_a/R$ (con R = 8.314 J/mol K) y cuya ordenada en el origen, Ln A (semejante al problema 7.1).

Los resultados obtenidos para cada una de las condiciones son:

	E_a (KJ/mol)	A (min^{-1})	r^2
pH = 4	253.0	$4.81 \cdot 10^{36}$	0.970
pH = 5	314.4	$6.65 \cdot 10^{44}$	0.999
pH = 6	371.9	$2.66 \cdot 10^{52}$	0.996
pH = 7	407.0	$5.76 \cdot 10^{56}$	0.993

Analizando los anteriores resultados se ve por una parte que este microorganismo es difícil de esterilizar, ya que la energía de activación requerida para su muerte es elevada y, por otra parte, que, al aumentar el pH, la esterilización es peor. Por esta razón, en la industria alimentaria suele añadirse primeramente a las conservas ácido cítrico para disminuir su pH y luego esterilizar el producto.

Apartado B

El parámetro Z viene definido como:

$$Log\left(\frac{D_1}{D_2}\right)=\frac{T_2-T_1}{Z}$$

Para determinar Z, lo que se debe hacer es representar Log D vs. T obteniendo una recta cuya pendiente es 1/Z.

Para cada uno de los pH analizados se obtienen los siguientes valores de Z:

	pH = 4	pH = 5	pH = 6	pH = 7
Z (ºC)	10.19	8.35	8.00	6.86

Analizando los anteriores resultados se ve que este microorganismo es mucho más sensible al aumento de temperatura a pH neutros que a pH ácidos.

Con los datos de las energías de activación y del parámetro Z se puede concluir que si la esterilización es a alta temperatura (UHT) es mejor realizarla a pH neutro mientras que si se hace a baja temperatura es mejor realizarla a pH ácido.

Apartado C

Como se trata de un esterilizador discontinuo a temperatura constante se tiene que su ecuación de diseño va a ser:

$$Ln\left(\frac{N_0}{N}\right) = K \cdot t_{est} = \frac{\ln(10)}{D} \cdot t_{est}$$

Llegado a este punto, se debe determinar la constante de muerte, K, o el tiempo de reducción decimal para ambas temperaturas, usando las fórmulas descritas anteriormente. Y finalmente se sustituye en la ecuación superior, sabiendo que $N_0 = 10^8$ y $N = 10$. Los datos obtenidos se recogen en la siguiente tabla:

		pH = 4	pH = 5	pH = 6	pH = 7
T = 90ºC	K (min^{-1})	1.945	0.396	0.085	0.017
	D(min)	1.18	5.82	27.2	140.4
	t_{est}(min)	9.47	46.55	217.29	1123.4
T = 100ºC	K (min^{-1})	18.38	6.45	2.30	0.607
	D(min)	0.125	0.357	1.00	3.79
	t_{est}(min)	1.00	2.86	8.00	30.31

Se puede ver que para este microorganismo a una temperatura de 90ºC y pH neutro no se va a producir la esterilización y como habíamos dicho previamente es mejor esterilizar a pH ácidos. Sin embargo, elevando la temperatura unos pocos grados el tiempo de esterilización disminuye enormemente pudiéndose incluso trabajar a un pH algo superior.

Problema 7.7

Ciclos de esterilización consecutivos

Los potitos de comida para bebés son esterilizados de forma discontinua. El proceso estandarizado indica que a 121ºC (temperatura de autoclave) durante 20 minutos, se consigue justo una concentración de microorganismos lo suficientemente baja para pasar los controles sanitarios. Una tarde, el sistema de sobrepresión del autoclave no funciona, y no supera los 100ºC. Para evitar problemas, el operario de turno decide poner dos ciclos de autoclave seguidos (20 minutos cada uno). ¿Habrá conseguido así cumplir las especificaciones sanitarias en ese lote? Razonar la respuesta.

Dato: valor Z: 19ºC

El problema plantea aumentar el tiempo de esterilización, al duplicarlo, poniendo dos ciclos seguidos de autoclave. Aunque la temperatura sea menor, se trata de compensar la caída de la temperatura, con mayor tiempo de esterilización. La reducción conseguida a 121ºC es suficiente, y ahora se debe comparar a 100ºC. Para ello, se debe conocer la relación de las constantes de muerte a 121ºC y a 100ºC, mediante el uso del valor Z y la definición de D:

$$Log\left(\frac{D_1}{D_2}\right) = \frac{T_2 - T_1}{Z} = \log\left(\frac{k_2}{k_1}\right)$$

Sean T_2: 121ºC y T_1: 100ºC

$$\log\left(\frac{k_2}{k_1}\right) = \frac{121°C - 100°C}{19°C} = 1.105 \rightarrow k_2 = 10^{1.105} \cdot k_1 = 12.7 \cdot k_1$$

Si ahora dividimos las ecuaciones de diseño del autoclave para ambas temperaturas:

$$\frac{\log\left(\frac{N}{N_0}\right)_{121} = k_2 \cdot t_2}{\log\left(\frac{N}{N_0}\right)_{100} = k_1 \cdot t_1}$$

Donde el tiempo en el caso de 2 es de 20 minutos, mientras que en el caso de 1 es de 40 minutos (dos ciclos de autoclave seguidos):

$$\frac{\log\left(\frac{N}{N_0}\right)_{121}}{\log\left(\frac{N}{N_0}\right)_{100}} = \frac{12.7 \cdot k_1 \cdot 20}{k_1 \cdot 40} = 6.35$$

Por tanto, si ahora comparamos el grado de reducción a ambas temperaturas, podemos observar cómo tras dos ciclos a 100ºC supone un 15 % de la reducción con un ciclo a 121ºC.

$$\log\left(\frac{N}{N_0}\right)_{100} = 0.157 \cdot \log\left(\frac{N}{N_0}\right)_{121}$$

Capítulo 8

Producción por lotes

Problema 8.1

Estrategias para aumentar la productividad en una planta de producción de insulina recombinante

Se tiene una planta de producción de insulina, donde el orden de los equipos que operan en dicha planta es el que sigue:

Fermentador → Microfiltro 1 → Homogeneizador → Microfiltro 2 → Extractor → Columna de cromatografía

En la tabla se especifican más datos sobre cada uno de los equipos:

Equipo	Tiempo (h)	Factor tamaño (m^3/kg)	Volumen (m^3)
Fermentador	24	1.25	22
Microfiltro 1	12.5	1.25	14
Homogeneizador	2	0.75	25
Microfiltro 2	12.5	0.75	14
Extractor	1	0.40	19
Col cromatografía	0.5	0.004	0.05

Calcule la productividad de este proceso. ¿Qué alternativa incrementaría más la productividad?

A. Añadir otro fermentador igual trabajando fuera de fase.

B. Añadir otro microfiltro 1 igual trabajando en fase.

C. Añadir otro microfiltro 2 igual trabajando fuera de fase.

D. Añadir una columna de cromatografía extra trabajando en fase.

En primer lugar, debemos plantear la productividad estándar del proceso, en las condiciones que nos plantea la tabla. Se conoce que la productividad es el cociente entre el tamaño de lote (B) y el tiempo del ciclo limitante (LCT).

El tamaño de lote de cada etapa se define como el cociente entre el volumen y el factor de tamaño, y el tamaño de lote del proceso resulta el mínimo de cada uno de los tamaños de cada etapa. Es decir,

$$B = \min(B_i) = \min\left\{\frac{22}{1.25}, \frac{14}{1.25}, \frac{25}{0.75}, \frac{14}{0.75}, \frac{19}{0.40}, \frac{0.05}{0.004}\right\} = 11.2\ kg$$

Es decir, el tamaño de lote viene condicionado por la segunda operación (microfiltro 1).

Por otra parte, el tiempo de ciclo limitante es el mayor de los diferentes tiempos de cada una de las etapas. Es decir,

$$LCT = \max(t_i) = \max\{24, 12.5, 2, 12.5, 1, 0.5\} = 24\ h$$

Con ambos valores, se puede estimar la productividad:

$$Pr = \frac{B}{LCT} = \frac{11.2\ (kg)}{24\ (h)} = 0.47\left(\frac{kg}{h}\right)$$

Una vez conocido el caso base, se plantean las alternativas del enunciado.

Alternativa A: un fermentador fuera de fase

Esta alternativa afecta al equipo limitante en tiempo, y al operar fuera de fase, comenzará a la mitad del tiempo de operación, es decir, a las 12 horas. Esto reduce el tiempo de esta etapa a la mitad. El tamaño del lote no se ve modificado, y, por tanto, la nueva productividad solamente va a modificarse por el nuevo LCT, que se calcula:

$$LCT' = \max(t_i) = \max\left\{\frac{24}{2}, 12.5, 2, 12.5, 1, 0.5\right\} = 12.5\ h$$

Con este valor, se calcula la nueva productividad, que resulta en:

$$Pr' = \frac{B}{LCT'} = \frac{11.2\ (kg)}{12\ (h)} = 0.90\left(\frac{kg}{h}\right)$$

Alternativa B: un microfiltro 1 en fase

Con esta opción se busca mejorar el equipo limitante en carga, y, por tanto, el nuevo tamaño de lote de esta etapa pasa a duplicarse, pasando de 11,2 kg a 22,4 kg.

Una vez conocido este cambio, se calcula el nuevo valor de B:

$$B' = \min(B_i) = \min\left\{\frac{22}{1.25}, \frac{28}{1.25}, \frac{25}{0.75}, \frac{14}{0.75}, \frac{19}{0.40}, \frac{0.05}{0.004}\right\} = 12.5\ kg$$

Y con este valor, se procede al cálculo de la nueva productividad:

$$Pr'' = \frac{B'}{LCT} = \frac{12.5\ (kg)}{24\ (h)} = 0.52\left(\frac{kg}{h}\right)$$

Alternativa C: un microfiltro 2 fuera de fase

Para esta alternativa, no es necesario realizar cálculo numérico, puesto que el equipo planteado no es un equipo limitante en tiempo, y, por tanto, no va a modificarse el LCT, y con ello, no habrá cambios en la productividad del proceso.

Alternativa D: una columna de cromatografía en fase

Para esta alternativa, tampoco es necesario realizar cálculo numérico, puesto que el equipo planteado no es un equipo limitante en capacidad, y, por tanto, no va a modificarse el valor de B, y, por tanto, no habrá cambios en la productividad del proceso.

Tras analizar todas las alternativas, se demuestra que **la alternativa A es la que ofrece mejor incremento de la productividad.**

Problema 8.2

Estimación de los tiempos de las diferentes etapas de un proceso en discontinuo

Una empresa tiene una demanda anual de 500,000 kg de un producto C. El producto se obtiene al mezclar a partes iguales en un reactor A+B (para dar C). Tras el reactor, el producto C es centrifugado para ser recuperado. La planta estima trabajar durante 6000 horas al año. Los datos de los equipos son los que siguen:

Reactor, de volumen 27 m^3 y factor de tamaño 0.044 m^3/kg.

Centrífuga, de volumen 35 m^3 y factor de tamaño 0.060 m^3/kg.

El reactor tarda 3 horas más que la centrífuga. ¿Cuál es el tiempo de operación de la centrífuga?

Se facilita la producción anual del compuesto C, y se conocen el número de horas por año que trabaja la planta. Con estos valores, se puede estimar la productividad en kg/h

$$Pr = \frac{500{,}000 \left(\frac{kg}{año}\right)}{6000 \left(\frac{h}{año}\right)} = 83.3 \left(\frac{kg}{h}\right)$$

Igualmente se conoce, que dicha productividad es el cociente del tamaño del lote (B) y del tiempo de ciclo limitante (LCT). El tamaño del lote, se puede estimar, puesto que se conocen los factores de tamaño y los volúmenes de ambos procesos (reactor y centrífuga).

$$B = \min(B_i) = \min\left\{\frac{27\ (m^3)}{0.044\left(\frac{m^3}{kg}\right)}, \frac{35\ (m^3)}{0.06\left(\frac{m^3}{kg}\right)}\right\} = 583\ (kg)$$

Una vez conocido el tamaño del lote, desde la definición de productividad, se estima el LCT.

$$Pr = \frac{B}{LCT} \rightarrow LCT = \frac{B}{Pr} = \frac{583\ (kg)}{83.3\left(\frac{kg}{h}\right)} = 7\ (h)$$

Se informa en el enunciado, que el reactor tarda 3 horas más que la centrífuga, y, por tanto, es el equipo limitante en tiempo, que tardará, de acuerdo con los cálculos previos, un total de 7 horas en dicha etapa. Se deduce, por tanto, que la **centrífuga emplea 4 horas en su etapa**.

Problema 8.3

Aumento de la producción e inversión en costes fijos. Viabilidad económica de las alternativas

El proceso de producción de una proteína recombinante se lleva a cabo en tres etapas: mezclado, reacción, purificación. Se adjuntan a continuación los tiempos, factores de tamaño, volúmenes y precios de cada uno de los equipos:

Equipo	Tiempo (h)	Factor tamaño (m^3/kg)	Volumen (m^3)	Coste del equipo ($)
Reactor	6	0.050	100	400 000
Mezclador	2	0.040	75	150 000
Purificador	4	0.024	50	450 000

Evalúe el gasto en costes fijos asociado a cada kg/h producido (Productividad/CF). ¿Qué alternativa de las que se proponen es la mejor para incrementar esa ratio?

A. Un nuevo reactor operando fuera de fase.

B. Un nuevo mezclador operando en fase.

La incorporación de nuevos equipos al proceso puede traer incremento de la productividad, pero conlleva una mayor inversión (costes fijos). En primer lugar, se va a valorar el ratio productividad por $ invertido, para el caso base.

Calculando el tamaño del lote:

$$B = \min(B_i) = \min\left\{\frac{100\ (m^3)}{0.05\left(\frac{m^3}{kg}\right)}, \frac{75\ (m^3)}{0.04\left(\frac{m^3}{kg}\right)}, \frac{50\ (m^3)}{0.024\left(\frac{m^3}{kg}\right)}\right\} = 1875\ (kg)$$

Calculando el tiempo de ciclo limitante:

$$LCT = \max(t_i) = \max\{6,2,4\} = 6\ h$$

Con esto, se estima la productividad:

$$Pr = \frac{B}{LCT} = \frac{1875\ (kg)}{6\ (h)} = 312.5\left(\frac{kg}{h}\right)$$

La suma de los costes fijos, teniendo un equipo de cada etapa resulta en 1 millón de dólares, y, por tanto, la productividad relativizada con la inversión es:

$$\frac{Pr}{CF} = \frac{312.5\left(\frac{kg}{h}\right)}{1000000\ \$} = 3.13 \cdot 10^{-4}\left(\frac{kg}{h \cdot \$}\right)$$

A continuación, se valoran las dos alternativas planteadas.

Alternativa A: reactor extra fuera de fase

Estamos ante el equipo limitante en tiempo, y, por tanto, se va a modificar el LCT.

$$LCT = \max(t_i) = \max\left\{\frac{6}{2}, 2,4\right\} = 4\ h$$

Como el tamaño del lote es constante, se calcula la nueva productividad:

$$Pr' = \frac{B}{LCT'} = \frac{1875\ (kg)}{4\ (h)} = 468 \left(\frac{kg}{h}\right)$$

Esto conlleva un aumento de la inversión extra de 400000 dólares. Calculando de nuevo el ratio:

$$\frac{Pr}{CF} = \frac{468.75 \left(\frac{kg}{h}\right)}{1400000\ \$} = 3.35 \cdot 10^{-4} \left(\frac{kg}{h \cdot \$}\right)$$

Alternativa B: nuevo mezclador en fase

Esta opción va destinada a aumentar el tamaño del lote, al ser el equipo limitante en capacidad. Calculando resulta:

$$B' = \min(B_i) = \min \left\{ \frac{100\ (m^3)}{0.05 \left(\frac{m^3}{kg}\right)}, \frac{150\ (m^3)}{0.04 \left(\frac{m^3}{kg}\right)}, \frac{50\ (m^3)}{0.024 \left(\frac{m^3}{kg}\right)} \right\} = 2000\ kg$$

Con este valor, se calcula la nueva productividad, como sigue:

$$Pr' = \frac{B'}{LCT} = \frac{2000\ (kg)}{6\ (h)} = 333 \left(\frac{kg}{h}\right)$$

Los costes fijos se incrementan en 150000 dólares, y el nuevo ratio resulta en:

$$\frac{Pr}{CF} = \frac{333 \left(\frac{kg}{h}\right)}{1150000\ \$} = 2.89 \cdot 10^{-4} \left(\frac{kg}{h \cdot \$}\right)$$

Analizando los resultados se observa que **la alternativa a elegir sería la A**, puesto que consigue más producción por cada dólar invertido en la instalación de la planta.

Problema 8.4

Estrategias para incrementar la producción en una planta de producción de ciclodextrinas por acción de transglicosilasas

La producción de β-ciclodextrina requiere de 4 etapas: mezcla (3 horas), reacción (4 horas), purificación (3 horas) y acondicionamiento (2 horas).

Disponemos de un reactor trabajando al 40 % de su capacidad donde tiene lugar la mezcla y la reacción, un equipo destinado a la purificación que trabaja al 100 % de su capacidad y otro donde efectuar el acondicionamiento que trabaja al 60 % de su capacidad. ¿Cuál de las siguientes opciones mejoraría más la productividad?

A. Adquirir un nuevo reactor del mismo tamaño que el inicial donde tenga lugar la mezcla.

B. Adquirir un nuevo reactor del mismo tamaño que el inicial que trabaje fuera de fase respecto al que ya se tiene.

C. Adquirir un nuevo equipo donde efectuar la purificación idéntico al primero que trabaje en fase con este.

D. Adquirir un nuevo reactor del mismo tamaño que el inicial y que trabaja en fase con este.

Se desconocen las capacidades de carga de los equipos a nivel numérico, pero se tienen como referencia del equipo de purificación, que al trabajar al 100 %, sabemos que es el equipo limitante en carga. Se puede expresar el tamaño de lote de la siguiente manera:

$$B = \min(B_{m+r}, B_p, B_{ac}) = \min\left(\frac{B_p}{0.4}, B_p, \frac{B_p}{0.6}\right) = B_p$$

Por otra parte, se puede calcular el tiempo de ciclo limitante:

$$LCT = \max(4+3,3,2) = 7\ h$$

Se van planteando las diferentes alternativas.

Alternativa A: nuevo reactor para separar mezcla de reacción

Esta opción separa los tiempos destinados a ambas etapas, y, por tanto, modifica el LCT sin modificar la productividad.

$$LCT' = \max(4,3,3,2) = 4\ h$$

Se puede estimar la mejora en la productividad como un cociente de productividades:

$$\frac{Pr'}{Pr} = \frac{B/LCT'}{B/LCT} = \frac{LCT}{LCT'} = \frac{7\ (h)}{4\ (h)} = 1.75$$

Supondría, por tanto, un incremento del 75 % de la productividad.

Alternativa B: nuevo reactor fuera de fase

Vuelve a afectar al equipo limitante en tiempo, y se calcula por tanto como:

$$LCT' = \max\left(\frac{7}{2}, 3{,}2\right) = 3.5\ h$$

Se puede estimar la mejora en la productividad como un cociente de productividades:

$$\frac{Pr'}{Pr} = \frac{B/LCT'}{B/LCT} = \frac{LCT}{LCT'} = \frac{7\ (h)}{3.5\ (h)} = 2$$

Alternativa C: nuevo purificador en fase

Al ser el equipo limitante en capacidad, se ve modificado el tamaño del lote.

$$B' = \min\left(\frac{B_p}{0.4}, 2 \cdot B_p, \frac{B_p}{0.6}\right) = \min\left(2.5B_p, 2B_p, 1.67B_p\right) = 1.67B_p$$

El LCT no va a cambiar y la mejora de la productividad se puede estimar desde el cociente, como en apartados anteriores:

$$\frac{Pr'}{Pr} = \frac{B'/LCT}{B/LCT} = \frac{B'}{B} = \frac{1.67 \cdot B_p}{B_p} = 1.67$$

Alternativa D: Nuevo reactor en fase

Esta alternativa no es necesaria su cálculo, puesto que, al ser el equipo limitante en tiempo, su duplicación trabajando en fase no reduce el LCT y, por tanto, la productividad se conserva.

Tras valorar todas las opciones, resulta que el mayor incremento de productividad se obtiene cuando se toma la **alternativa B**.

Problema 8.5

Cálculo de los parámetros de un proceso en discontinuo y representación de los diagramas de Gantt

La síntesis de un producto P consta de dos etapas discontinuas (reacción y separación) que requieren 6 y 8 horas respectivamente. Esta síntesis se lleva a cabo en una planta que permite la fabricación de lotes de 600 kg de producto final P mediante un único equipo de reacción (que opera al 100 % de su capacidad) y un único equipo de separación (que opera al 60 %).

Calcule el tiempo de proceso, el tiempo de ciclo limitante, el tamaño de lote y la productividad.

Considere, además, las siguientes alternativas:

- Un segundo reactor adicional idéntico operando en fase con el primero.
- Un segundo reactor adicional idéntico operando fuera de fase con el primero.

Represente los diagramas de Gantt.

Al conocer el tamaño del lote (600 kg), sabemos el tamaño de la etapa que opera al 100 % de su capacidad, es decir, del reactor. Esto se corresponde con el 60 % de la capacidad del equipo de separación, que, por tanto, tendrá un tamaño de 1000 kg.

Calculamos igualmente el LCT, como el máximo de 6 y 8 horas, resultando en 8 horas.

Y con ambos datos, se estima la productividad del caso base:

$$Pr = \frac{B}{LCT} = \frac{600\ (kg)}{8\ (h)} = 75\left(\frac{kg}{h}\right)$$

En lo que respecta al tiempo de proceso, se refiere a la suma de ambas etapas, es decir, 14 horas.

De las dos alternativas planteadas, solamente tiene sentido la primera, puesto que el reactor es el equipo limitante en carga, y para mejorar la productividad debe ser colocado trabajando en fase.

En este caso, lo que implica es un nuevo valor de B que se calcula como:

$$B' = \min(2 \cdot 600{,}1000) = 1000\ kg$$

Con este valor, deducimos la nueva productividad:

$$Pr' = \frac{B'}{LCT} = \frac{1000\ (kg)}{8\ (h)} = 125\left(\frac{kg}{h}\right)$$

Se representan a continuación los diagramas de Gantt, para ambas situaciones, el caso base y la incorporación de un segundo reactor en fase.

Caso base

	1	2	3	4	5	6	7	8	9	10	11	12	13	14	15	16	17	18	19	20	21	22	23	24	25	26	27	28	29	30	31	32	33	34	35	36	37	38
Reactor																																						
Purificación																																						

Incorporación de un segundo reactor, en fase

	1	2	3	4	5	6	7	8	9	10	11	12	13	14	15	16	17	18	19	20	21	22	23	24	25	26	27	28	29	30	31	32	33	34	35	36	37	38
Reactor1																																						
Reactor2																																						
Purificación																																						

Problema 8.6

Uso de tanque pulmón para acoplar procesos discontinuos

Suponga un proceso como el que se detalla a continuación:
Reactor – Tanque pulmón – Centrífuga – Cristalizador – Secador
Donde las características de los equipos son las de la tabla:

Equipo	Tamaño carga (B) (kg)	Tiempo (h)
Reactor	50	5
Centrífuga	40	Desconocido
Cristalizador	35	2
Secador	Desconocido	3

Indique si las siguientes afirmaciones son ciertas o falsas:

A. Si el secador tarda el doble que la centrífuga, el tamaño de carga del secador es 1/3 el del cristalizador.

B. Si el cristalizador es capaz de cargar la mitad que el secador, el tiempo de operación de la centrífuga es mayor que el tiempo de operación del reactor.

C. Si el tiempo de la centrífuga es la mitad que el del reactor, el secador podrá cargar como máximo, la mitad de lo que carga la centrífuga.

Cuando se incorpora un tanque pulmón a un proceso en discontinuo, se tiene que cumplir, a ambos lados de dicho tanque, la siguiente igualdad:

$$\frac{B_1}{LCT_1} = \frac{B_2}{LCT_2}$$

Se procede ahora, a ir comprobando, una por una, las tres afirmaciones:

Apartado A

Nos informa del tiempo de la centrífuga, que resulta ser la mitad de 3 horas, es decir, 1.5 horas. Y nos pide averiguar el tamaño del secador.

Calculando los diferentes parámetros:

$$B_1 = B_{reactor} = 50\ kg;\ LCT_1 = LCT_{reactor} = 5\ h;\ LCT_2 = \max(1.5,2,3) = 3\ h$$

Podemos despejar B_2:

$$B_2 = B_1 \cdot \frac{LCT_2}{LCT_1} = 50\ (kg) \cdot \frac{3\ (h)}{5\ (h)} = 30\ (kg)$$

Ese será el tamaño del equipo que marque la limitación en carga. Como se observa en la tabla, a la derecha del tanque pulmón hay tres equipos con cargas de 40 kg, 35 kg y desconocido. Al ser el límite 30 kg, esta se corresponde con el equipo de capacidad desconocida, es decir, el secador.

La afirmación planteada habla de una carga 1/3 del cristalizador (35kg) que observamos que no se cumple.

Apartado B

En este segundo caso, se plantea el cálculo de LCT_2.

Se debe estimar el valor de B_2, sabiendo, que según la afirmación el secador carga el doble que el cristalizador, es decir, 70 kg.

$$B_2 = \min(40{,}35{,}70) = 35\ kg$$

Igualmente, los dos valores al lado izquierdo del tanque pulmón, se conservan:

$$B_1 = B_{reactor} = 50\ kg;\ LCT_1 = LCT_{reactor} = 5\ h;$$

Despejando el valor de LCT_2:

$$LCT_2 = \frac{B_2}{B_1} LCT_1 = \frac{35\ (kg)}{50\ (kg)} \cdot 5(h) = 3.5\ horas$$

Este es el tiempo máximo de las etapas: centrífuga, cristalizador, secador. Conociendo el tiempo de los dos últimos (2 y 3 horas respectivamente), el LCT se corresponde con el tiempo de la centrífuga (3.5 horas), que en ningún caso es mayor que el tiempo del reactor (5 horas), y, por tanto, la afirmación es falsa.

Apartado C

Se informa del tiempo de la centrífuga, que es la mitad que el reactor, es decir 2.5 horas. Se pide estimar la capacidad de carga del secador. Se tienen todos los valores, a excepción de B_2.

$$B_1 = B_{reactor} = 50\ kg; LCT_1 = LCT_{reactor} = 5\ h; LCT_2 = \max(2.5{,}2{,}3) = 3\ h$$

Despejando de la igualdad:

$$B_2 = B_1 \cdot \frac{LCT_2}{LCT_1} = 50\ (kg) \cdot \frac{3\ (h)}{5\ (h)} = 30\ kg$$

Conocidas las capacidades de carga de los otros dos equipos (centrífuga y cristalizador), que son superiores; este valor se corresponde con la capacidad de carga del secador. Este valor es más que la mitad de la carga de la centrífuga (40 kg), y, por tanto, la afirmación C también es falsa.

Sobre los autores

Álvaro González Garcinuño

Profesor ayudante doctor del Departamento de Ingeniería Química de la Universidad de Salamanca. Biotecnólogo de formación, realizó su tesis doctoral en Salamanca en la producción de polisacáridos mediante fermentación microbiana o por síntesis enzimática. Ha trabajado en mejora de bioprocesos durante los últimos años y buena parte de su actividad docente está centrada en la formación en Tecnología de Bioprocesos a los estudiantes de Ingeniería Química.

José María Sánchez Álvarez

Licenciado en Ciencias Químicas y doctor en Ingeniería Química por la Universidad de Salamanca. Desde que finalizó sus estudios de licenciatura, sus trabajos de investigación se han centrado, esencialmente, en el desarrollo y escalado de procesos fermentativos. Por otra parte, su labor docente, desarrollada a lo largo de dos décadas, se circunscribe principalmente a la explicación de las asignaturas de Biorreactores y fermentadores que imparte la Universidad de Salamanca en distintos grados.